城镇群重大基础设施空间规划研究

——以山东半岛城镇群为例

崔东旭　尹宏玲　张志伟　著

中国建筑工业出版社

图书在版编目（CIP）数据

城镇群重大基础设施空间规划研究：以山东半岛城镇群为例／崔东旭，尹宏玲，张志伟著. —北京：中国建筑工业出版社，2020.8

ISBN 978-7-112-25140-7

Ⅰ.① 城… Ⅱ.① 崔… ② 尹… ③ 张… Ⅲ.① 城镇-基础设施-空间规划-研究-山东半岛 Ⅳ.① TU984.252

中国版本图书馆CIP数据核字（2020）第085104号

责任编辑：徐　冉
责任校对：王　烨

城镇群重大基础设施空间规划研究——以山东半岛城镇群为例
崔东旭　尹宏玲　张志伟　著
*
中国建筑工业出版社出版、发行（北京海淀三里河路9号）
各地新华书店、建筑书店经销
北京锋尚制版有限公司制版
北京建筑工业印刷厂印刷
*
开本：850毫米×1168毫米　1/16　印张：8³/₄　字数：211千字
2021年1月第一版　　2021年1月第一次印刷
定价：**59.00**元
ISBN 978-7-112-25140-7
（35892）

目　录

第一章　城镇群重大基础设施概念与分级分类

一、城镇群重大基础设施概念

（一）城镇群重大基础设施

1．概念内涵

基础设施其英文为"infrastructure"，"infra"意为"在下，在下部"，"structure"意为"结构，组织"。一般认为基础设施有广义和狭义之分。狭义的基础设施是指工程性基础设施，包括交通、通信、电力、供排水等工程性基础设施，广义的基础设施除工程性基础设施之外，还包括教育、科研、卫生等社会性基础设施。社会性基础设施已经获得相当重视，成为广义基础设施概念的重要组成部分。但是从规划建设管理的角度，目前大部分理论研究和规划实践仍集中在工程性基础设施，因此，本书中所讨论的基础设施限定在狭义的工程性基础设施范畴。

从服务空间范围来看，基础设施分为城市基础设施和区域基础设施[1]。区域基础设施是相对于城市基础设施而言，主要是服务于城镇间或较大区域的交通、信息等基础设施，其主要功能是服务于城镇体系或满足宏观区域经济发展的需求。城镇群是区域发展的高级空间形态，因此城镇群基础设施属于区域基础设施范畴。

城镇群重大基础设施是指在城镇群形成和发展中具有基础作用的工程性基础设施，是城镇群中各级城镇间社会经济运行的支撑系统和人类活动的公共服务系统，它的规模、结构和服务水平是衡量城镇群的区域地位与可持续发展的重要因素。

①它是国家或区域战略布局的重点，规模大，等级高，具备中心地位和支配作用。

②它是城市基础设施的上层设施，是输入的源头和对外联系的枢纽通道，并与城市基础设施连为一体。

③它汇集了各领域最先进的技术和管理经验，自成体系，又相互关联，在空间上形成有机的复合系统。

④它是城镇群与自然环境的关系纽带，有效发挥其作用，能降低资源消耗、减轻环境污染和促进可持续发展。

2．基本特性

城镇群基础设施属于区域性基础设施范畴，除了具有基础设施的基础性、服务性、共享性、长期性等共性特点外，城镇群基础设施还有其自身特性。

（1）整体性

城镇群基础设施整体性表现在两个方面：一是基础设施是由交通、能源、通信、水利、防灾等各子系统组成，各子系统内部又包含着不同类别基础设施，如交通设施包括公路、铁路、航空、水路等；二是城镇群包含着若干个不同等级、规模的城镇，这些城镇作为一个有机整体，彼此之间相互影响，需要城镇群内不同城镇加强协调、联合建设，实现城镇群基础设施共建、共享。

（2）区域性

城镇群基础设施建设应与城镇群的自然环境、历史基础、社会经济、区域空间形态等相适应，具有很强的区域性。沿海地区的城镇群，大型港口较为发达；经济发展水平高的城镇群，基础设施系统较为完备。从世界典型城镇群来看，基础设施区域差异较为明显。例如，美国城镇群的高速公路较为发达；而在欧洲大陆，高速铁路则是城镇群联系的主要交通方式。

（二）城镇群重大基础设施廊道

1. 概念内涵

城镇群基础设施廊道属于区域基础设施廊道的范畴。随着城市的发展，小范围内的基础设施廊道布局陷入各自为政无法衔接的问题，区域层面的基础设施廊道的建设成为必然趋势，目前国内外开始对区域性基础设施廊道进行规划实践。2010年美国提出区域性基础设施廊道规划，包括东北区基础设施走廊总体规划，其涉及12个州的基础设施廊道调查分析，是初次考虑满足整个东北区所有使用者需求的规划研究，为东北区扩建发展提出基础设施预想设计[2]。我国区域层面的基础设施廊道研究也逐步开展，如在《南京都市圈规划》中提出要求："将天然气、电力输送、热力管线等主要的市政工程管线沿着主要的城市交通通道布置，兴建基础设施管线共同沟。在区域规划层面上将宁镇和宁扬建设成两条基础设施走廊"[3]。但是目前在理论层面的研究较少，所以笔者试着从基础设施廊道的概念中得到启发。由于基础设施廊道大致划分为大型基础设施廊道和普通型基础设施管廊两个层次内容，大型基础设施廊道是指在规划阶段控制的为城市或城市区域服务的大型基础设施管廊带，因此城镇群重大基础设施廊道可以理解为大型基础设施廊道。

基础设施廊道的概念是从城市总体规划中"五线"控制的概念延伸出来。城市总体规划中提出，应明确大型基础设施的用地界线，但对管线的控制没有严格说明。本研究中所提出的"廊道"是对总体规划要求的具体化，即基础设施廊道是指规划阶段中预留控制的、专门用来布置市政基础设施的管廊带，用于对城市市政基础设施工程的统一管理及线位安排，一般布置在城市道路或河道两侧，可与绿化带合用，也可以独立存在[4]。

城镇群重大基础设施廊道是大型基础设施廊道，是多类设施集中布置形成的带状空间。廊道内主要为大型输水干线、排水主干线、高压线路、大型输油与输气线路等城市生命线工程，其宽度应在满足各种管线基本布置要求的基础上，控制保护范围，以确保城市安全[3]。廊道按照设施类型多寡分为综合廊道和专项廊道，按照廊道在城镇群中发挥的作用分为三个等级。

2. 布局原则

（1）设施相容性原则

不同设施共廊布置形成设施廊道时，应考虑设施间的安全防护距离，具有同类特质、兼容性设施优先安排，对于自身安全要求较高、易发生关联灾害的设施，应慎重布局，或在采取措施后共线布置。

（2）同类设施优先原则

同类设施应当优先共廊布置，同类设施具有更多的相似性，如交通类、能源类设施应当首先形成专业性廊道。

（3）综合效益评估原则

基础设施的共廊布置应当综合考虑建设投资、土地资源、环境影响等综合效益，满足综合效益最优的原则。

（4）服务范围同步原则

各类基础设施的空间服务范围、形态存在差异，重大基础设施共廊布置应当考虑服务范围同步的原则，避免单项设施效益过低。

（三）城镇群重大基础设施枢纽

1. 概念内涵

枢纽是指重要的部分，事物相互联系的中心环节。《辞海》的解释为"比喻重要的地点，事物的关键之处"。在构造地质学中，在褶皱的各横剖面上，同一褶皱面的各最大弯曲点的连线叫作枢纽。

基础设施枢纽可以理解为交通、通信、电力、供排水等基础设施相互联系的中心环节。而城镇群重大基础设施枢纽是指城镇群重大基础设施中多类设施集中布置的点状空间，是同类中上级向下级或其他类设施相互转换时，因距离接近形成的共享共用的节点空间。按照设施类型的多寡，将枢纽分为综合枢纽和专项枢纽，按照设施枢纽在城镇群中发挥的作用分为两个等级。目前国内外对基础设施的研究主要集中在交通枢纽上，是指地处路网各大通道或线路的交叉点，是运输过程和为实现运输所拥有的设备的综合体，是交通运输网的重要组成部分，也是路网客流、物流和车流的重要集散中心。因此，本书中所讨论的城镇群重大基础设施枢纽主要是指城镇群交通性枢纽。

2. 布置原则

（1）上下多类衔接原则

重大基础设施枢纽是高等级基础设施与低等级基础设施衔接的空间，是多类基础设施共享共用的空间，可以减少设施衔接的过渡空间，实现高效、快速等级或类型转换。

（2）同类设施优先原则

同类设施应当优先布置专项枢纽，此类设施具有更多的相似性，如交通类、能源类设施，在此基础上发展成为综合枢纽。

（3）综合效益评估原则

基础设施的枢纽布置应当综合考虑建设投资、土地资源、环境影响等综合效益，满足综合效益最优的原则。

二、重大基础设施分类研究

（一）相关分类

1. 国内外对基础设施分类的研究

经济合作组织（OECD，1973）将基础设施分为经济、社会和行政基础设施三种类型（表1-1）。

经济合作组织对基础设施分类研究 表1-1

分类	内容
经济基础设施（自然基础设施）	交通、通信网络、电力、给排水和灌溉等方面的设施
社会基础设施	科技教育、医疗卫生、住房和休闲娱乐等方面的设施
行政基础设施	提供法律实施、行政管理和协调等方面的设施

世界银行组织（WBG，1994）将基础设施分为经济基础设施和社会基础设施两种类型（表1-2）。

世界银行组织对基础设施分类研究 表1-2

大类	小类	内容
经济基础设施	公共设施	电力、电信、自来水、卫生设施、排放污水、固体废弃物收集与处理、管道煤气
	公共工程	公路、为灌溉和泄洪而建的大坝和运河工程设施
	其他运输部门	城市和城市间铁路、市区交通、港口和航道、飞机场等
社会基础设施		通常主要包括文教、科研、医疗保健等方面的内容

美国的城市基础设施分为公共服务性和生产性基础设施两类（表1-3）。

美国城市基础设施分类研究 表1-3

类型	内容
公共服务性基础设施	教育、卫生保健、交通运输、司法、休憩
生产性基础设施	能源、防火、固体废物、电信、废水、给水

美国《国家基础设施保护预案》（NIPP）规定，被重点保护的美国重要基础设施有以下几类：网络信息、通信设备、交通运输、能源设施、农业设施、公共卫生设施、饮用水及水处理系统、商业设施、水坝、紧急服务设施、邮政及海运、其他政府设施等。

我国基础设施有广义和狭义之分，其中广义基础设施可分为技术性基础设施和社会性基础设施两类（表1-4）（北京市政市容管理委员会网站，2001）。

我国广义基础设施分类研究 表1-4

大类	中类	小类	内容
广义基础设施	狭义基础设施	技术性基础设施	能源、水资源及给排水、交通、通信邮政电信、环境、防灾
	社会性基础设施		行政管理、金融保险、商业服务、文化娱乐、体育运动、医疗卫生、教育、科研、宗教、社会福利、大众住房

《城市黄线管理办法》（住建部令第144号）和《深圳市黄线规划（2006—2020）》中将城市基础设施大致分为交通设施、给水设施、排水设施、电力设施、通信设施、燃气设施、环卫设施、防灾设施及其他设施，共9大专业、60类设施。

2．相关规划实践中的分类

欧盟《连接欧洲》（Connecting Europe Facility）2012年提出的基础设施主要是信息、能源以及交通网络。

《山东半岛城市群发展规划（2016—2030年）》将基础设施分为区域交通基础设施和区域市政基础设施两类（表1-5）。

《山东半岛城市群发展规划（2016—2030年）》对基础设施分类研究　　　表1-5

分类	内容
区域交通基础设施	公路网络、铁路网络、机场、港口群、城际轨道交通、交通枢纽、物流体系
区域市政基础设施	电力设施、环保设施、给排水和水资源利用设施、邮政通信设施

《珠江三角洲基础设施建设一体化规划（2009—2020年）》将基础设施分为交通工程、能源工程、水资源工程和信息化工程四类（表1-6）。

《珠江三角洲基础设施建设一体化规划（2009—2020年）》对基础设施分类研究　　表1-6

分类	内容
交通工程	轨道交通、高速公路、港口航道、机场和综合枢纽等工程
能源工程	电源工程、电网工程和油气工程
水资源工程	水资源配置及开发利用一体化、水资源节约保护一体化、水资源管理一体化和水利防减灾一体化工程
信息化工程	通信网络、物流公共平台、公共信息服务共享、数字家庭

一些学者以基础设施投资的主体从政府转向市场的视角出发，进行基础设施分类。例如，鞠晴江（2006）将基础设施分为纯经营性城市基础设施项目、准经营性城市基础设施项目和非经营性城市基础设施项目；李雅维按市场化程度将之分为三类：完全市场化类型，半市场化、半政府类型，完全政府类型（表1-7）。

一些学者从区域的视角对基础设施进行分类，如刘罗军（2010）将区域性市政走廊分为三类（表1-8）。

从投资主体对基础设施分类研究　　　表1-7

分类	内容
区域性交通通道	区域间（跨市/跨县）人流、物流来往的主要交通干线，包括高速铁路、普通铁路、城际轨道高速公路和城际快速道路
区域性市政通道	区域性供水、电力以及油气联系的主要线路，包括区域重大调（供）水工程、500kV及220kV电力走廊、液化天然气（LNG）长输线路、高压燃气管道、区域输油管等
区域性复合通道	区域间多种运输方式，运输方式以及交通运输方式与供水、电力、油气等市政线路集中在同一路线上的高效率通道，包括交通复合通道、市政复合通道和交通市政复合通道

从区域视角对基础设施分类研究　　　　　　表1-8

名称	范围
国家机关、部委等行政办公场所	国家及省、自治区、直辖市等党政领导机关及办公场所
交通运输系统及相关设施	机场、火车站、城市轨道交通、长途汽车站等
能源设施	电/气/热/石油设施与输送管线
新闻部门设施	国家及省、自治区、直辖市的新闻单位与设施（电台、电视台、通讯社等）
涉及危险品单位	研制、生产、储存、使用易燃易爆、剧毒、放射性等危险物品的单位，以及试验、培养、保藏菌种、病毒的单位
公共服务单位（科教文卫医）	大学、中科院、社科院、医院、大型体育场所
博物馆、档案馆、文物保护单位、重点、标志性建筑物及高层建筑物	国家及省、自治区、直辖市的文物场所及相关单位，具有象征意义的建筑和设施
城市应急组织及机构	公安、消防、医院、各级应急指挥中心
网络、数据及信息通信设施	政府、银行、保险、大型企业的信息化网络、数据、通信等相关的重要基础设施
国防工业基地	与国防相关的重要设施与基地
饮用水及水处理系统	饮用水、污水处理等相关设施
国家支柱性产业、企业的生产经营基础设施	电信、邮政、金融行业及大型生产企业的办公经营场所
国家空间数据基础设施（SDI）	从事数据获取及加工的测绘生产基地、数据维护更新、交换等设施及单位
农业基础设施	农田水利等农业相关的重要设施
其他重要基础设施	未列入此表的其他重要基础设施

（二）类型划分

整体来看，世界各国（地区）尚未形成统一的分类标准，大多数分类体系均包含经济类和社会类服务设施。对区域类基础设施分类的研究目前仅局限于学术探讨阶段。但是从近年来西方发达国家及中国实践来看，在区域规划中更加侧重的是交通、能源、信息和水资源这四类经济基础设施的规划，这也属于中国基础设施分类中技术性基础设施规划的范畴。

根据城镇基础设施与城镇群发展的关系，依据其作用和定位，城镇群基础设施可以划分为三种类型：

①战略性基础设施。其服务范围不限于城镇群本身，其规模和作用表明其在区域、国家乃至世界的地位，且服务于区域发展的意义强于自身需求，如国际性机场、大型港口、特高压电力设施、长输油气设施等。

②支撑性基础设施。这类设施是城镇群赖以形成和发展的基础，在城镇群内部起到联通、输送的作用，具有网络状结构和形态，如城际轨道交通、高速公路、高压电力输配系统、区域燃气输配系统、区域信息网络系统等。

③保障性基础设施。这类设施往往是国家或地区的储备性资源，在生产、生活中发挥应急、调峰作用，也包括绿色生态环境系统。

上述三种分类不同于按行业、按空间分布的传统分类，也未试图涵盖所有的基础设施类型。但是，因为与当前我国城镇群的发展关系密切，又是基础设施投资和建设的重点，所以称为重大基础设施。其中，城际轨道交通系统、高速公路交通系统、高压电力输配系统、区域信息网络系统等四大支撑性基础设施，既是城镇群内部运行的支持系统，也是本书研究和示范的重点。

三、重大基础设施分级研究

（一）国外相关研究

弗里德曼、雅奇·沙森等学者在对世界城市体系的研究中，提出世界城市要有相应等级的基础设施配套，特别强调了交通和信息设施在这一城市体系中的作用，突出了其门户和节点的地位。

西方发达国家相关部门在各专项基础设施的建设中提出了相关的等级划分，如美国能源与电力办公室提出将国家电力基础设施分为国家电力干网、区域性互联干网，以及地区性、小微型电网三级（表1-9）。

美国能源与电力办公室对国家电力基础设施分级研究　　　　　　　　　　　　表1-9

分级	概况
国家电力干网	国家电力干网包括加拿大和墨西哥在内的从美国东海岸到西海岸的高容量输电线路
区域性互联干网	区域性互联干网主要连接北美的2个最大的东部和西部区域互联电网，电力经过骨干电网分配到区域电网中
地区性、小微型电网	各大区域内的各地区配电系统、小微型电网（分布式电源系统）接入该区域性电网

（二）国内相关研究

杨一帆（2006）将基础设施分为四级：全球城市网络层面、区域城市群层面和城乡共同体层面、城市特别功能区层面的基础设施（表1-10）。

学者对基础设施分级研究　　　　　　　　　　　　表1-10

等级	名称	内容
1	全球城市网络层面	①国际性、区域性的大型国际机场、深水港口、高速铁路、高效通信网络等技术性基础设施； ②相应等级的综合服务体系——娱乐中心、会展中心、主题公园、奥运公园、高水平的大学等社会性基础设施
2	区域城市群层面	①主要承担区域对外人流、物流、能量流联系的大型基础设施，如大型港口、航空港、高速铁路、国家铁路、跨境高速公路、跨区域油气管道、国家电网等； ②主要保障区域内部联系的高速公路、各等级公路、城际铁路、各级内河航道、区域电网、区域油气管道等； ③提供公共服务的区域性大型综合体，这一部分主要是社会基础设施，如主题公园、体育中心、高等级综合医院、大型物流园、商贸中心等
3	城乡共同体层面	—
4	城市特别功能区层面	—

王保乾（2002）将基础设施分为国家基础设施和地区基础设施两个等级（表1-11）。

学者对基础设施分级研究   表1-11

等级	名称	概念	内容
1	国家基础设施	指在全国范围内能让生产要素在各区域省（自治区、直辖市）之间转移的载体，但不包括市政基础设施，因为它更多地表现为地方性	交通、通信、水利、电力中属于国家骨干网（如国道、国家网等）的部分
2	地区基础设施	指为某一区域（省、地、市、县、乡）提供服务的经济基础设施，一般指省（自治区、直辖市）内自筹资金建设的经济基础设施，其投资主体是省、地（市）、县，也可能是各省（自治区、直辖市）上报的国家项目（中央配套部分资金，但经营管理权归地方政府），它的职能是把省会城市与地、市、县、乡及村连为一体	

在2007年通过的《上海市基础设施用地指标（试行）》将各类基础设施的等级划分与不同等级基础设施的占地规模作了比较详细的规定，可供较大城镇群基础设施占地规模分级进行参考。

在《中国工程系统规划》中，如市区35～500kV高压架空电力线路规划走廊宽度分级和新建火电厂按用地规模分级等。

（三）级别划分

既有基础设施等级划分的研究成果尚未能形成科学量化的界定标准，当前各种分级标准和空间层次的对应性不明显，并没有明确针对城镇群的基础设施体系，由此导致现有成果对城镇群基础设施规划的直接指导性不足。

本书拟从城镇群重大基础设施的概念出发设定合理的筛选条件，在全面分析国内既有技术性基础设施分类的基础上，根据城镇群空间层级的需求，合理界定本书的研究对象。

战略性基础设施中机场、港口分两级，供电设施分三级，油气设施和信息设施无分级；支撑性基础设施中铁路分为三级，公路、变配电设施和信息通信分两级，气源站和供水设施无分级；保障性基础设施无分级（表1-12）。

城镇群基础设施分类与分级   表1-12

类型	类别	设施分级、分类	等级标准
战略性设施	机场（航空港）	枢纽机场（国际机场）	年旅客吞吐量>1000万人次
		干线机场（国内机场）	年旅客吞吐量300万～1000万人次
	港口（内河、海港）	主要港口	年货物吞吐量>1亿t
		地区重要港口	年货物吞吐量>3000万t
	特高压电力设施	特高压、超高压变电站	变压器容量750～1000kV·A
	长输油气设施	天然气、成品油分输、接收站	按$D<300mm$、$300mm \leqslant D<500mm$、$500mm \leqslant D<800mm$、$D \geqslant 800mm$分级（D为直径）
支撑性设施	城际轨道交通系统	客运专线（高速、城际铁路）	Ⅰ级双线（160～300km/h）
		火车站（客运站、编组站）	一级、二级客运站，高铁、城际客运
	高速公路交通系统	高速公路（国家、省级、城际）	设计速度80～130km/h
		一级公路（城际快速路）	设计速度60～80km/h

续表

类型	类别	设施分级、分类	等级标准
支撑性设施	高压电力输配系统	500kV及以上变电站和输电线路、换流站	主变容量（>500kV·A），高峰日供电量（kWh/d），供电量（kW·h/年），换流容量±500kV
		特大型、大型发电厂	总装机容量>1000MW、400~1000MW
	区域燃气输配系统	天然气储配站、门站及高压输气管线	储气量>10000m³，日供气量（万m³/d）
	区域信息网络	云计算中心（超级计算中心）	运算速度1×10⁷亿次/s，带宽1000Gbits/s，储存能力1000PB，光缆（>100芯）
		城市数据中心IDC和干线光缆	带宽100G bit/s，储存能力500PB，骨干层传输网（>48芯）
保障性设施		煤炭储备基地	储量500万t，年流转量1000万t/年
		原油、成品油储备库（基地）	储备库储量5万m³，国家储备基地500万t
		天然气、液化石油气储备库	总库容30×10m³，可利用气量为10.0×10m³左右，日最大供气量近500×10m³
		水库、区域调水设施	兴利库容或总调水量1000万m³

四、枢纽廊道分级分类研究

（一）枢纽分类

按照设施类型的多寡，将枢纽分为综合枢纽和专项枢纽（表1-13）：
①综合枢纽：多类设施共同组成的基础设施枢纽。
②专项枢纽：同类设施的多种设施共同组成的基础设施枢纽，分为交通枢纽、能源枢纽。

枢纽类别分类 表1-13

枢纽类型	设施类别	设施种类
综合枢纽	多类设施	多种类型
专项枢纽	同类设施	多种类型

按照设施枢纽在城镇群中发挥的作用，将枢纽分为两个等级（表1-14）：
①一级枢纽：有两类以上设施交汇，且符合国家级战略设施布局（西气东输、高速铁路）的，服务于城镇群整体的枢纽。
②二级枢纽：服务于多城市的区域设施枢纽。

枢纽等级分类 表1-14

枢纽等级	必备特征	长度（km）	辐射半径（km）
一级枢纽	两类以上设施交汇，且符合国家级战略设施布局	100~500	>100
二级枢纽	服务多城市的区域设施节点	50~100	50~1100

（二）廊道分类

按照设施类型的多寡，将廊道分为综合廊道和专项廊道（表1-15）：

①综合廊道：多类设施共同组成的基础设施走廊。

②专项廊道：同类设施的多种设施共同组成的基础设施廊道，分为快速交通廊道、能源廊道和其他廊道。

廊道类别分类　　　　　　　　　　　　　　　　　　　　表1-15

廊道类型	设施类别	设施种类
综合廊道	多类设施	多种类型
专项廊道	同类设施	多种类型

按照设施廊道在城镇群中发挥的作用，将廊道分为三个等级（表1-16）：

①一级廊道：城镇群级廊道。

②二级廊道：城镇群中心城市间廊道。

③三级廊道：城镇群中心城市与非中心城市、非中心城市之间的基础设施廊道。

廊道等级分类　　　　　　　　　　　　　　　　　　　　表1-16

廊道等级	必备特征	长度（km）	宽度（km）	辐射纵深（km）
一级廊道	联系两个或多个中心城市，且符合战略型设施布局（西气东输、高速铁路）	100～500	3～5	＞50
二级廊道	联系两个中心城市	50～100	2～3	20～50
三级廊道	联系一个或不联系中心城市	30～50	1～2	＜20

本章注释

[1] 武廷海. 大型基础设施建设对区域形态的影响研究述评［J］. 城市规划，2002（04）：18-22.

[2] 田雪娇. 哈尔滨基础设施廊道中绿地系统水敏性设计研究［D］. 哈尔滨工业大学，2015.

[3] 周易冰，檀星，徐靖文. 城市市政基础设施廊道用地规划探讨——以沈阳市为例［J］. 规划师，2008，24（1）：60-62.

[4] 刘佳，蔡磊. 新形势下基础设施廊道的区域协调——以《嘉兴滨海新区基础设施廊道专项规划》为例［J］. 城市建设理论研究：电子版，2013（3）.

[5] 刘罗军. 基于集约发展理念的"区域黄线"规划研究［C］//中国城市规划学会. 规划创新：2010中国城市规划年会论文集. 重庆：重庆出版社，2010：8.

[6] 杨一帆. 论基础设施对城市群落空间秩序的影响［J］. 规划师，2006（03）：26-28.

[7] 鞠晴江. 构建新兴技术基础设施——适应新兴技术的公共政策探析［J］. 科技管理研究，2006（01）：7-9.

[8] 王保乾，李含琳. 如何科学理解基础设施概念［J］. 甘肃社会科学，2002（02）：62-64.

第二章　城镇群重大基础设施空间数据库构建

一、任务目标

（一）研究任务

建立空间信息数据库：将数据库划分为地理背景层和基础设施专题层两部分。背景层由地理数据和社会经济数据构成，专题层由基础设施空间数据、行业数据，以及效能评估和空间规划决策研究所使用或产生的数据构成。解决问题包括：

①基础设施专题数据获取。考虑可开发数据录入系统，由行业部门负责数据录入。

②多源数据集成。地理数据与基础设施空间数据由GIS按要素层进行管理，社会经济、行业数据以及效能评估数据通过数据编码与空间数据关联，空间规划要素层叠加在其他数据层上，并使用编码建立联系。

（二）研究目标

城镇基础设施是城镇中为生产和人民生活提供能源、交通、邮电通信、供水、排水、环境保护等特定服务的设施。它是城镇发展的结果，又是城镇进一步发展的必要条件。城镇基础设施作为城镇经济、社会的载体，它的承载力（即设施容量和生产能力）与作为承载对象的城市生产生活体系的规模和总体需求之间应保持动态平衡，城镇才能可持续发展。城镇基础设施是一个庞大的复杂系统，各分系统及子系统的现状指标在性质与单位上存在差异，不能直接叠加，但对城镇基础设施进行综合评估又必须使各系统具有可比性，如何制定一套可行的综合可比的度量方法，是城镇基础设施空间数据库构建的关键问题。

城镇群重大基础设施空间信息数据库包含城镇群交通、能源和信息三类重大基础设施的空间数据和属性数据，能为城镇群基础设施的选址模拟、能效评估及规划决策等研究提供基础数据支持，通过第三方（软件测试单位）检测数据库运行的稳定性、可靠性和兼容性。

具体的研究目标：利用多源异构空间数据的集成技术，对示范区内的基础地理、社会经济和基础设施专题数据进行转换、处理、编码和集成，建立城镇群重大基础设施空间信息数据库。

（三）技术路线（图2-1）

技术路线如图2-1所示。

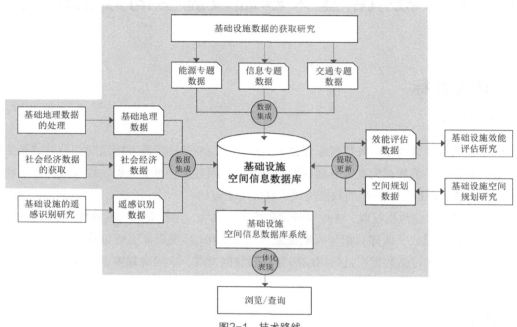

图2-1 技术路线

（资料来源：本书编写组自绘）

二、城镇群重大基础设施数据类型与来源

（一）数据类型

收集城镇群重大基础设施空间信息数据库所需要的各类数据资料，并对其进行必要的数据加工和处理。数据库需要处理的数据有以下三类：

①基础地理数据。通过对采集的基础地理数据的处理得到系统所需基础地理数据，包括示范区的基础地形图、遥感影像以及地形数据。

②社会经济数据。通过对收集的社会经济数据的处理得到系统所需社会经济数据，主要为示范区内各市县的人口、经济和环境等方面的统计数据。

③遥感识别数据。通过对基础设施的遥感识别研究得到系统所需基础设施数据，包括基础设施的图形数据，以及相关的属性记录、图片和技术指标等。

（二）数据来源

来源一：基础设施数据的获取研究，包括能源专题数据、信息专题数据、交通专题数据三部分。

来源二：基础设施效能评估研究，通过对基础设施数据的研究，提取出效能评估数据，数据入库更新后又可以反过来对基础设施进行评估研究。

来源三：基础设施空间规划研究，通过对基础设施数据的研究，提取出空间规划数据，数据入库更新后又可以反过来对基础设施进行空间规划研究。

三、城镇群重大基础设施空间数据库构建

利用多源异构空间数据的集成技术，对基础地理、社会经济和基础设施等专题数据进行转换、编码和集成，构建起相应的城镇群重大基础设施空间信息数据库，并以山东半岛城镇群为例进行了数据录入和检验。

（一）数据处理入库

对收集的各类数据分别进行处理，通过数据融合技术建立一致的数据体系，设计符合规范要求的数据库逻辑和物理模型，并完成数据入库，最终形成城镇群重大基础设施空间信息数据库。

第一步，根据每类数据的特征，分别采用以下方法进行基础数据的融合。

基础地理数据：主要采用矢量化和数据校正的方法，目的是使所有的基础地理数据都具有一致的空间参考，在空间上匹配正确。

社会经济数据：提取人口、经济和环境等所需的统计数据，对其中的数据结构进行重构，使其符合关系型数据库的规范要求，同时可与基础地理数据相关联。

基础设施数据：以基础地理数据为基准，对基础设施图形数据进行配准，使二者在空间上实现匹配，同时对基础设施相关的属性记录和技术指标等数据进行重构。

第二步，将融合好的基础地理数据、社会经济数据和基础设施数据进行集成，然后导入基础设施空间信息数据库中。

第三步，根据基础设施数据的特征，将基础设施数据分为能源专题数据、信息专题数据和交通专题数据三部分，然后按照统一的数据结构导入基础设施空间信息数据库中。

第四步，对基础设施效能评估研究和空间规划研究后得到的效能评估数据和空间规划数据进行提取更新，将其导入基础空间信息数据库中。

（二）空间数据库构成

1. 数据库组成

城镇群重大基础设施数据库由基础地理数据、社会经济数据和重大基础设施数据组成（图2-2）。

①基础地理数据：包括城镇群的基础地形图、遥感影像以及30m分辨率DEM数据。

②社会经济数据：主要为城镇群内各市县的人口、经济和环境等方面的统计数据。

图2-2　数据库组成
（资料来源：本书编写组自绘）

③重大基础设施数据：包括重大基础设施的图形数据，以及相关的属性记录、图片和技术指标等。

重大基础设施数据分为16大类：机场、海港、河港、火车站、铁路线、公路、发电厂、变电站、换流站、油气设施、信息中心、通信设施、区域供水、水库、石油和天然气储备库、煤炭储备基地。

收集的基本信息包括：遥感影像数据（分辨率为1m），坐标系为WGS84 Web Mercator；

DEM数据，经镶嵌后生成覆盖城镇群的完整数据；地理矢量数据，坐标系为WGS84，包括地级市、高速公路、国道、河流、湖泊、省道、数据范围、水库、铁路、县、县界、县名、省界、市界共14个图层；以县作为基本行政单元，收集各单元行政编码、面积、人口、国内生产总值，第一、二、三产业的生产总值等社会经济数据；城镇群内主要重大基础设施的边界，包括发电厂、火车站、飞机场和大型水库。

2. 数据库模型构架

PowerDesigner是能进行数据库设计的强大软件，是一款开发人员常用的数据库建模工具，使用它可以分别从概念数据模型（conceptual data model）和物理数据模型（physical data model）两个层次对数据库进行设计。在此，概念数据模型描述的是独立于数据库管理系统（DBMS）的实体定义和实体关系定义，物理数据模型是在概念数据模型的基础上针对目标数据库管理系统的具体化。

在数据库设计中，设计目标就是要建立E-R图（实体-关系图），在PowerDesigner中就是要建立概念模型或者逻辑模型。既然是实体-关系图，所以整个建模的核心就是围绕建立"实体"对象和找到实体之间的"关系"。实体分为两部分：标识（主键）和属性。标识是实体的一个或多个属性的组合，能唯一地标识出实体中的每一个数据。在确认一个实体的过程中，首先就是要确认实体的主键，只要找到了实体的主键，那么剩下的就是实体的属性。

（1）确认核心实体

在建模过程中，首先需要对业务进行分析，知道我们的模型要表示怎么样的一个事情，从而确定我们模型的核心实体，找到了核心实体和其主键，那么剩下的工作就是以核心实体为中心进行实体关联的扩展和实体属性的抽象。一个数据库模型中一般会有1或2个实体作为整个模型的核心实体，核心实体一般都是一个名词，在整个业务过程中作为主语和宾语。所以总的来说，我们用一个主谓宾的句子来描述这个模型，那么基本就可以肯定，这句话中的主语和宾语就是核心实体，而通常谓语也是一个很核心的对象，该对象可能会产生一个实体来表示，也可能只是一个关联（association）。通常数据库中数据量最大的表就是谓语对应的表。

正如我们需要设计的16类重大基础设施数据的数据库模型，火车站和铁路线这两类基础设施关系密切，应该共同设计建模，我们可以得出，整个模型的核心是"火车站"和"铁路线"，一座火车站对应多条铁路线。确定了核心的实体"火车站"和"铁路线"，那么接下来就是要确定实体的主键和属性。"火车站"实体的主键很容易确定，只要找到能够唯一标识每个实体的一个字段即可，所以我们可以使用"火车站编号"来作为实体的主键，火车站编号肯定是唯一的；"铁路线"这个实体的主键可以使用"铁路线编号"来确定，这个编号是唯一的。

火车站还应当有火车站分类，铁路线有线路属性，以及线路性质分类和线路等级分类。

（2）确认相关实体

在找到了核心实体后，接下来就是以核心实体为中心，找到相关的实体。相关实体一般来说就是和核心实体存在直接联系的实体，当然也有些相关实体是要经过另一个相关实体与核心实体关联。相关实体一般情况下都是名词。

（3）确认关联和关系

关联（association）也是一种实体间的连接，在Merise模型方法学理论中，Association是一种用于连接分别代表明确定义的对象的不同实体，这种连接仅仅通过另一个实体不能很明确地表达，而通过"事件（event）"连接来表示。

也就是说，实体和实体之间存在着关系（多对多），但是这种关系还存在其他属性，这些属性如果作为一个明确实体来表示又不是很合适，所以就使用了Association来表达，这种关系之间一般是一个"事件"虚实体，也就是说是一个动词对应的实体。

（4）确认属性

前面几步工作是最重要、最核心的工作，接下来的工作就是要完善模型。首先需要的就是要将实体的属性补齐，实体的属性可以根据日常生活常识、用户提交的表单、用户需求调研等来确定。

（5）范式化

在前面设计选课系统的数据模型时，对于火车站的详细信息实体，会存在火车站分类等属性，但是仔细考虑，这些属性如果直接放在该实体中，必然会形成数据重复，导致数据维护困难，不符合（3）范式的设计原则，所以应该将这些属性提出，作为单独的实体。

（6）细节调整

现在整个模型已经基本上完成，但是仍然有几个地方需要进一步确认和调整，即属性的数据类型和实体之间的关系。现在数据库模型中，所有属性的数据类型都是Undefined，需要根据系统要求、业务需求和调研来确定每个属性的数据类型。但一般来说还是具有一定的规则可循：

①自增ID用Integer型，如果数据量会特别大的话，可以使用长整型。

②涉及金额的用Money类型。

③涉及字符串的确定该属性中是否有可能出现中文，如果有中文出现的用variable multibyte，没有中文出现的那就用Characters或者variable Characters。

④如果是枚举类型的，用Byte。

⑤日期和时间类型的，确定是要用日期还是用时间，或者两者都需要记录。

⑥具有小数的用float类型。

按照实际情况将模型中的每个属性的数据类型进行修改。另外就是实体之间的关系，在默认情况下，添加的实体关系是一对多的关系，此外也可能存在一对一或者多对多的关系，除了这些关系外，还需要确定对应的关系实体是否是必需的。一对多中，一这部分就存在"0，1"和"1，1"两种情况；多的部分存在"0，n"和"1，n"两种情况。最常见的情况是1、1∶0、n，也就是说，多的一端肯定会对应一个一个的实体，而一的一端可以对应0到多个实体。

（三）数据库关键技术

1. 空间数据库

空间数据库指的是地理信息系统在计算机物理存储介质上存储的与应用相关的地理空间数据的总和，一般是以一系列特定结构的文件的形式组织在存储介质之上的。数据库因不同的应用要求会有各种各样的组织形式。数据库的设计就是根据不同的应用目的和用户要求，在一个给定的应用环境中，确定最优的数据模型、处理模式、存储结构、存取方法，建立能反映现实世界的地理实体间信息之间的联系，满足用户要求，又能被一定的DBMS接受，同时能实现系统目标并有效地存取、管理数据的数据库。简言之，数据库设计就是把现实世界中一定范围内存在着的应用数据抽象成一个数据库的具体结构的过程。

SuperMap GIS的数据组织结构，主要包括工作空间、数据源、数据集、地图、场景、布局等。SuperMap GIS的数据组织形式为类似于树状层次结构，这种结构可以通过应用程序界面上的工作空间管理器表现。每一个工作空间都具有树状层次结构，该结构中工作空间对应根结点。一个工作空间包含唯一的数据源集合、唯一的地图集合、唯一的布局集合、唯一的场景集合和唯一的资源集合（符号库集合），对应着工作空间的子结点。

数据源集合组织和管理着工作空间中的所有数据源，数据源是由各种类型的数据集（如点、线、面、栅格/影像等类型数据）组成的数据集集合。一个数据源可包含一个或多个不同类型的数据集，也可以同时存储矢量数据集和栅格数据集，存储于数据库中，如Oracle Plus数据库、SQL Server Plus数据库等。对应数据库型数据源，其空间数据的空间几何信息和属性信息都存储在数据库中。

要对数据源中的空间数据操作，必须先通过工作空间中的数据源集合打开数据源，并且对数据源及其中的空间数据的所有操作将直接保存在数据源中而不是保存在工作空间中。数据源是独立于工作空间存储的，删除工作空间本身，工作空间中的数据源不会随之删除和变化。

数据源中的空间数据是对现实世界的抽象，即将现实世界中的地理事物抽象为计算机世界中可以处理的各种图形对象，现实世界中的点状事物就抽象为点几何对象，线状事物就抽象为线几何对象，面状事物就抽象为面几何对象，为了便于数据的统一管理，引入数据集的概念，即将同类事物存储在一类数据集中，如点数据集就只能存储点几何对象、线数据集就只能存储线几何对象、面数据集就只能存储面几何对象。因此，一个数据源中的空间数据被组织为各种类型数据集，即数据源实际是一个数据集集合，包含了各种类型的多个数据集。

数据集是SuperMap GIS空间数据的基本组织单位之一，是数据组织的最小单位，数据集可以作为图层在地图窗口中实现可视化显示，即可以将数据集中存储的几何对象以图形的方式呈现在地图窗口中，对于栅格和影像数据集，则根据其存储的像元值以图像的方式显示在地图窗口中。并且数据集的可视化编辑也是通过地图窗口来实现的，如编辑数据集中几何对象的空间位置和形状或者通过矢量化获取新的数据集等。

一个数据源中可以包含多个各种类型的数据集，可以通过工作空间中的数据源来管理数据源中的数据集，包括创建数据集或者导入其他来源的数据作为数据集以及其他操作等。

SuperMap支持多种地理格式的数据集进行管理，如点、线、面、文本、复合数据集、三维点、三维线、三维面、属性数据集等。可以新建、打开、删除、复制这些类型的数据集，重命名数据集，对它们的编码方式进行设置等。

2. 空间索引

空间索引是指依据空间对象的位置和形状或空间对象之间的某种空间关系按一定的顺序排列的一种数据结构，其中包含空间对象的概要信息，如对象的标识、外接矩形及指向空间对象实体的指针。

空间数据查询即空间索引，是对存储在介质上的数据位置信息的描述，是用来提高系统对数据获取的效率，也称为空间访问方法（spatial access method，SAM），是指依据空间对象的位置和形状或空间对象之间的某种空间关系按一定的顺序排列的一种数据结构，其中包含空间对象的概要信息如对象的标识外接矩形及指向空间对象实体的指针。

作为一种辅助性的空间数据结构，空间索引介于空间操作算法和空间对象之间，它通过筛选作用大量与特定空间操作无关的空间对象被排除从而提高空间操作的速度和效率。

SuperMap支持的空间索引类型包括四叉树索引、R树索引、图库索引以及动态索引。

R树是B树向多维空间发展的另一种形式，它将空间对象按范围划分，每个结点都对应一个区域和一个磁盘页，非叶结点的磁盘页中存储其所有子结点的区域范围，非叶结点的所有子结点的区域都落在它的区域范围之内；叶结点的磁盘页中存储其区域范围之内的所有空间对象的外接矩形。每个结点所能拥有的子结点数目有上、下限，下限保证对磁盘空间的有效利用，上限保证每个结点对应一个磁盘页，当插入新的结点导致某结点要求的空间大于一个磁盘页时，该结点一分为二。R树是一种动态索引结构，即它的查询可与插入或删除同时进行，而且不需要定期对树结构进行重新组织。

（1）R-Tree数据结构

R-Tree是一种空间索引数据结构，下面做简要介绍。

①R-Tree是n叉树，n称为R-Tree的扇（fan）。

②每个结点对应一个矩形。

③叶子结点上包含了$\leq n$的对象，其对应的矩形为所有对象的外包矩形。

④非叶结点的矩形为所有子结点矩形的外包矩形。

R-Tree的定义很宽泛，同一套数据构造R-Tree，不同方法可以得到差别很大的结构。什么样的结构比较优呢？有两标准：第一，位置上相邻的结点尽量在树中聚集为一个父结点；第二，同一层中各兄弟结点相交部分比例尽量小。

R树是一种用于处理多维数据的数据结构，用来访问二维或者更高维区域对象组成的空间数据，R树是一棵平衡树。树上有两类结点：叶子结点和非叶子结点。每一个结点由若干个索引项构成。对于叶子结点，索引项形如（Index，Obj_ID），其中，Index表示包围空间数据对象的最小外接矩形MBR，Obj_ID标识一个空间数据对象。对于一个非叶子结点，它的索引项形如（Index，Child_Pointer）。Child_Pointer指向该结点的子结点。Index仍指一个矩形区域，该矩形区域包围了子结点上所有索引项MBR的最小矩形区域。

（2）R-Tree算法描述

算法描述如下。

对象数为n，扇区大小定为fan。

①估计叶子结点数k=n/fan。

②将所有几何对象按照其矩形外框中心点的x值排序。

③将排序后的对象分组，每组大小为*fan，最后一组可能不满员。

④上述每一分组内按照几何对象矩形外框中心点的y值排序。

⑤排序后每一分组内再分组，每组大小为fan。

⑥每一小组成为叶子结点，叶子结点数为nn。

⑦N=nn，返回1。

网格层次结构的单元是利用多种Hilbert空间填充曲线以线性方式编号的。然而，出于演示目的，在此使用的是简单的按行编号，而不是由Hilbert曲线实际产生的编号。例如，将几个表示建筑物的多边形和表示街道的线已经放进一个4×4的1级网格中，第1级单元的编号为1～16，编号从左上角的单元开始。

沿网格轴的单元数目确定了网格的"密度"：单元数目越大，网格的密度越大。例如，8×8网格（产生64个单元）的密度就大于4×4网格（产生16个单元）的密度。网格密度是以每个级别为基础定义的。网格配置单元数目：低4×4=16，中8×8=64，高16×16=256，默认设置所有级别都为中。

您可以通过指定非默认的网格密度控制分解过程。例如，在不同级别指定不同网格密度对于基于索引空间的大小和空间列中的对象来优化索引可能非常有用。空间索引的网格密度显示在sys.spatial_index_tessellations目录视图的level_1_grid、level_2_grid、level_3_grid和level_4_grid列中。

将索引空间分解成网格层次结构后，空间索引将逐行读取空间列中的数据。读取空间对象（或实例）的数据后，空间索引将为该对象执行"分割过程"。"分割过程"通过将对象与其接触的网格单元集（"接触单元"）相关联使该对象适合网格层次结构。从网格层次结构的第1级开始，"分割过程"以"广度优先"方式对整个级别进行处理。在可能的情况下，此过程可以连续处理所有四个级别，一次处理一个级别。

3. 影像金字塔

影像金字塔技术是目前各软件处理海量影像所必须采用的技术。对栅格/影像数据集创建影像金字塔，可以提高数据浏览速度。

在同一空间参照下，根据用户需要以不同分辨率进行存储与显示，形成分辨率由低到高、数据量由小到大的金字塔结构。影像金字塔结构用于图像编码和渐进式图像传输，是一种典型的分层数据结构形式，适合于栅格数据和影像数据的多分辨率组织，也是一种栅格数据或影像数据的有损压缩方式。

每一层影像金字塔都有其分辨率，比如说放大（无论是拉框放大还是固定比例放大）、缩小、漫游（此操作不涉及影像分辨率的改变）计算出进行该操作后所需的影像分辨率及在当前视图范围内会显示的地理坐标范围，然后根据这个分辨率去和已经建好的影像金字塔分辨率匹配，哪层影像金字塔的分辨率最接近就用哪层的图像来显示，并且根据操作后当前视图应该显示的范围，来求取在该层影像金字塔上应该对应取哪几块，然后取出来画上去就可以。

金字塔是一种能对栅格/影像按逐级降低分辨率的拷贝方式存储的方法。通过选择一个与显示区域相似的分辨率，只需进行少量查询和少量计算，从而减少显示时间。

第三章　城镇群重大基础设施综合效能评估

一、城镇群重大基础设施综合效能评估概述

（一）效能评估概念

效能评估（effectiveness assessment）是对某种事物或系统完成特定任务目标和达到预期结果的程度进行评价或估量。具体而言，就是根据影响事物或系统效能的主要因素，运用一般分析方法，在收集信息资料的基础上，确定分析目标，建立综合反映完成特定任务目标和达到预期结果的程度测算方法，最后综合衡量出效能测度与评估。效能评估广泛用于军事、科研、制造行业，也可用于评估某种计划、工程。

城镇群重大基础设施作为城镇群支撑系统，应该能够满足城镇群各种流态需求，促进城镇群发展，优化城镇群空间结构。依据城镇群基础设施效能的内涵，城镇群基础设施效能评估应从投资效益、供给效率和空间效应三个递进维度构建（图3-1）。

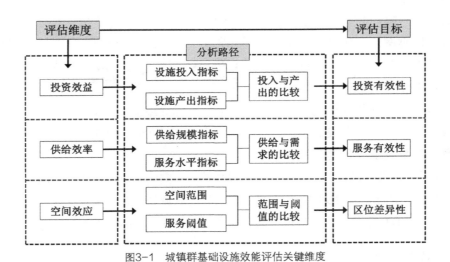

图3-1　城镇群基础设施效能评估关键维度
（资料来源：本书编写组自绘）

1. 投资效益维度

城镇群基础设施投入即城镇群基础设施固定资产投资额，是城镇群各类基础设施固定资产投资额总和。基础设施投资可以促进城镇群社会经济发展，即城镇群基础设施投入应该是有效益，城镇群基础设施经济效益是指基础设施通过满足各种流态传输需求，所带来的生产力增加和为社会创造出新的价值。当城镇群基础设施投入和社会经济发展相协调时，基础设施发挥的效能就大，而投资滞后或超前时都会影响效能发挥，因此，投入产出和滞后性是城镇群基础设施投资效益评估的重点。

2. 供给效率维度

城镇群基础设施是城镇群人流、物流、信息流、能量流等各种流态的载体和传播媒介，其基本功能就是满足各种流态需求，只有城镇群基础设施供给和需求彼此匹配适度发展，城镇群基础设施才能对城镇群社会经济发展提供支撑作用；相反，城镇群基础设施供大于求或供不应求都会抑制基础设施效能的发挥。鉴于此，供给效率是从供给需求视角对城镇群基础设施进行的评估，以此评判基础设施是否可以满足城镇群功能需求，以及相互之间的协调关系。

3. 空间效应维度

基础设施的分布影响城镇群内部区位格局。位于城镇群基础设施服务优势区位的，可以通过使用基础设施来满足流态传输的需求；而位于城镇群基础设施服务劣势区位的，则无法享用基础设施提供的服务，或使用成本相对较高。鉴于此，根据基础设施服务阈值，从空间视角对城镇群基础设施引发的城镇群基础设施区位差异进行评估，以此评估城镇群中哪些区域属于基础设施优势区位，哪些区域属于基础设施劣势区位，并判断出基础设施在城镇群中的覆盖情况。

4. 三维度逻辑关系

投资效益、供给效率和空间效应三个维度并不是彼此独立，而是相互之间存在着递进关系。

投资效益评估是从投入产出的视角对比分析基础设施投入是滞后、超前还是协调，评估目标是解决城镇群是否需要增加基础设施投入；供给效率评估是从供给、需求视角对比分析城镇群基础设施供给水平与城镇群社会经济发展需求之间的关系，判断城镇群各类基础设施的供求关系，调节基础设施的供需关系，提高效率；空间效应评估是从空间角度对基础

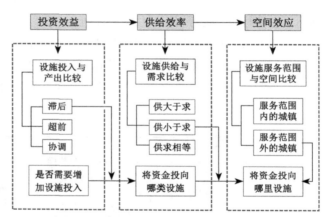

图3-2　城镇群基础设施效能评估三维度逻辑关系
（资料来源：本书编写组自绘）

设施服务与需求的空间关系的反映，判断城镇群中哪些区域处于基础设施优势区位，哪些区域处于劣势区位，有助于规划中基础设施的布局和城市发展方向选择（图3-2）。

（二）综合效能评估研究

1. 概念特性

重大基础设施综合效能评估（comprehensive effectiveness assessment of the major infrastructure）是从系统角度对基础设施支撑和服务城镇群发展的能力与效益进行评析和估量。对基础设施效能评估的概念理解要重点把握以下几点。

①系统性评估。城镇群基础设施是个复杂的系统，包括交通、能源、信息等设施。对城镇群基础设施效能评估，就是将交通、能源、信息等各类设施作为一个完整复杂的整体进行评估。即基础设施效能评估不是对某类设施的评估，而是对城镇群所有基础设施进行系统性评估。

②使用性评估。基础设施是城镇群发展的基础，是城镇群各项功能的支撑系统，同时也引导着城镇群空间发展。基础设施效能评估重点是评估基础设施服务和支撑城镇群发展的能力，属于使用性评估。构建基础设施效能评估方案时，重点从服务和支撑城镇群发展的角度选择量化指标进行评估。

③事后评估。基础设施效能评估目的，是从城镇群发展实际出发，评估基础设施是否能够满足城镇群需求，包括基础设施整体需求和各类基础设施的需求，因此基础设施效能评估属于事后评估。

2. 相关研究

（1）重大基础设施综合效能评估内容研究

当前，重大基础设施综合效能评估相关文献数量较少，但是有关基础设施效率评估方面研究较为丰富。查伟雄等（2007）利用时间序列DEA分析方法，建立了基于"交通运输-区域经济"复合系统投入和产出的效率评价指标体系，并运用所述模型和分析方法，对江西省"交通运输-区域经济"复合系统运行动态综合效率进行了评估[1]。后来，有关基础设施效率、效益评估研究日益增多。在基础设施运行效率评估研究中，多数学者通过建立基础设施指标体系，采用数理模型对基础设施运行效率进行实证性研究。如周和平等（2008）分别采用非参数前沿方法中的数据包络分析（DEA）法和参数前沿方法中的随机前沿分析（SFA）法对2000～2006年湖南省29个城市的公共交通运行效率进行了测度，在此基础上对两种方法测度出的公交运输效率值排序进行了相关分析和一致性检验[2]。

（2）重大基础设施综合效能评估方法研究

国内外学者对效率评估研究是一个逐渐深入的过程，各种方法和模型被应用到研究中。效率评估方法主要由早期的计量经济学方法，如生产函数法、向自回归法，逐步过渡到以国民经济中的投入产出为依据的DEA方法、人工神经网络方法等，并且取得了一些显著的效果。

早期用于效率评估方法主要是计量经济学的相关方法，如采用不同模型进行投资效率测算的道格拉斯生产函数法、可以满足多种统计分析的成本函数法以及研究变量之间关系的向量自回归模型等。这些方法为效率评估奠定了坚实的基础，提供了丰富的统计分析，也在逐步完善。基本上采用的数据是时间序列数据和面板数据，具有客观性，但同时也忽略了变量之间的关系对结果的影响，以及变量和结果之间的关系。比较典型的学者研究结果有：Munnell利用生产函数法对美国40年间的基本数据进行测算，得出基础设施具有提高生产率的作用[3]；王任飞应用VAR方法对上海市进行实证分析，得出基础设施与经济增长具有相互促进作用[4]。

国外关于效率评价的研究多是侧重于经济增长与基础设施的关系，近年来，随着国民经济理论的深入人心，效率评价方法不仅仅局限在计量经济学方法，这些方法与理论开始突破学科、领域，为效率评价所用。其中，比较典型的是以投入产出为依据的DEA方法，处理多输入多输出的复杂系统效率问题时具有特殊优势，不需要假设输入、输出之间的具体函数关系，具有里程碑意义（Behera Kumar，2006[5]；Terry Rowlands，2008）[6]。除此之外，可拓学理论（张思荣等，2012）[7]、人工神经网络方法（王悦，2011）[8]、多层次综合分析法（池德振，2013）[9]以及"最优价值"理念、标杆管理思想（袁竞峰等，2011）[10]等也是效能评估常用方法。

（三）综合效能评估技术路线

依据城镇群重大基础设施系统构成和基础设施效能评估内涵界定，城镇群重大基础设施综合效能评估应该属于多指标综合评估。多指标综合评估基本思想就是将每一个评估指标按照一定的方法量化，变成对评估问题测量的一个"量化值"即效用函数值，然后按着一定的合成模型加权合成求得总评估值。基于多指标综合评估的基本思想，城镇群重大基础设施综合效能评估着重要解决以下三大关键问题（图3-3）。

①评估维度分析。城镇群重大基础设施综合效能评估是多目标评估，涉及很多方面；基于基础设施效能评估目标，合理选取基础设施效能评估的维

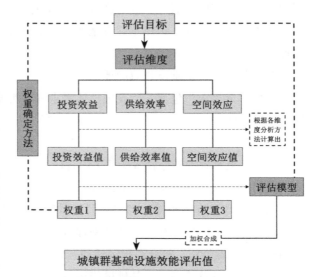

图3-3　城镇群重大基础设施效能评估技术路线
（资料来源：本书编写组自绘）

度，并对基础设施效能评估各维度进行量化分析，计算出基础设施效能评估各维度量化值。

②评估权重确定。权重大小直接影响综合评估的结果。根据各权重确定方法的特点，结合城镇群基础设施效能评估的目标，科学选择城镇群基础设施效能评估权重确定方法，并根据此方法确定城镇群基础设施效能评估。

③评估模型选择。不同合成模型也会对效能评估结果产生较大影响。在参考综合评估相关研究的基础上，结合城镇群基础设施效能评估的目标，合理选取城镇群基础设施效能评估模型，利用选择的模型计算出城镇群基础设施效能评估值。

二、城镇群重大基础设施投资效益评估

（一）概念内涵

基本定义：长期的基础设施投资增长率与经济增长率的弹性系数和效益的滞后性。

评价方法：对城镇群相关城市长期（10~20年）基础设施投资和对应年份经济总量（GDP）进行统计分析，划分阶段、拟合参数，建构自回归分布滞后模型。

评价目标：

①对不同城镇群的基础设施投资效益排序。

②分析基础设施投资滞后性的特征和时段。

③通过纵、横向比较，观察不同经济发展阶段基础设施投资边际效率的递增和递减区间。

④尝试分析对开放区域（城镇群）的基础设施投资效率高于单个城市或封闭区域。

评价模型：自回归分布滞后模型。

$$E_t=a+b_0I_t+b_1I_{t-1}+b_2I_{t-2}+\cdots+b_kI_{t-k}+\alpha_t$$

采集了1978～2011年全国城市基础设施投资和经济增长数据，通过设施投资与经济增长之间的对比，发现经济增长变化滞后于投资增长的1～2年，以此验证市政公用设施投资具有时间滞后性（图3-4）。

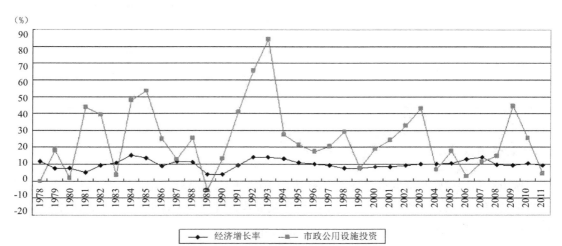

图3-4　1978～2011年基础设施投资效益走势
（资料来源：本书编写组自绘）

（二）指标体系

投资水平指标，包括基础设施固定资产投资占GDP比重、人均基础设施固定资产投资额、各城市基础设施投资额占GDP比重的离散系数。

综合效益指标从经济效益、社会效益、环境效益三个方面构建（表3-1）。

基础设施投资效益评估指标体系　　　　　　　　　　　　　　表3-1

主准则层	次准则层	指标层
经济效益	经济增长	国内生产总值
		人均国内生产总值
		外贸进出口总额
	投资拉动	新签外资合同数
		实际利用外资额
社会效益	城镇化	城镇化水平
	就业	失业率
	个人发展	城镇居民可支配收入
		人均对外出行次数
		人均移动电话持有数
		国际互联网覆盖率
	城镇群社会结构	城镇群内各城市城镇化水平
		城镇化水平标准差

续表

主准则层	次准则层	指标层
环境效益	污染物处理能力	工业固体废物综合利用率
		城镇生活污水处理率
		生活垃圾无害化处理率
	环境治理	工业污水排放达标率
		二氧化硫排放比例
		工业烟尘排放比例

（三）评估方法

城镇群基础设施投资效益评估中，采用了层次分析法对基础设施投资效益进行基于各项分指标的综合评估，使用德尔菲法对基础设施投资效益进行基于各项分指标的综合评估外，还使用了对比分析法、相关分析法、聚类分析法等。

（四）评估结果

考虑到各城镇群发展阶段差异，采用人均基础设施固定资产投资表征基础设施投资水平，分别对其与经济、社会、环境发展水平指标进行相关分析。具体运算可借助SPSS软件，得到城镇群人均基础设施固定资产投资与城镇群经济、社会、环境发展各指标相关系数。

三、城镇群重大基础设施供给效率评估

（一）评估流程

依据基础设施供给效率评估内涵，首先从城镇群基础设施供给和需求角度构建供给效率评估的指标体系，然后选用供给效率评估的方法建立评估模型并得出评估结论。

1. 构建供给效率评估指标体系

基于城镇群基础设施供给效率的内涵，根据影响城镇群基础设施供给效率的主要因素，从基础设施供给和需求两个角度，构建基础设施供给效率的指标体系，并对指标的内涵及信息收集途径进行解释说明。

2. 构建供给效率评估方法模型

根据城镇群基础设施供给效率评估特点，选取合适的评估方法；结合供给效率评估指标，建立供给效率评估模型（图3-5）。

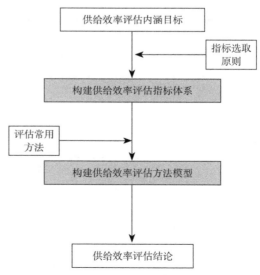

图3-5　城镇群基础设施供给效率评估流程
（资料来源：本书编写组自绘）

（二）指标体系

根据评估指标体系构建思路，借鉴基础设施效率相关研究，建立了以城镇群基础设施供给效率为目标层，以基础设施供给类指标和基础设施需求类指标为准则层的指标体系，常用指标如下。

1. 交通设施

里程——城镇群内公路总长度，单位为km，反映的是城镇群公路的规模大小。

路网密度——城镇群内公路总长度与城镇群面积之比，单位为km/km^2，反映的是城镇群公路的发达程度和完善程度。

连通度指数——公路网总边数和总节点数关系的指标。连通度指数反映的是公路的路网结构，用以衡量公路路网成熟度，指标的数值越高，表示路网越成熟，路网的连通性越强。

机场旅客吞吐量——城镇群内所有干线机场旅客总量，单位为万人次，用以反映的是城镇群机场规模。机场旅客吞吐量越大，说明城镇群机场供给量越大。

港口泊位数——港区内能停靠船舶的位置数量，是反映城镇群港口规模的重要指标。

港口货物吞吐量——1年间经水运输出、输入港区并经过装卸作业的货物总量，计量单位为t或"标准箱（TEU）"。

2. 能源设施

特高压变电站数——城镇群内500～750kV交流变电站和800kV直流站的个数。

特高压变电容量——城镇群内所有500～750kV交流变电站和800kV直流站总输变电容量，单位为MV·A。

LNG接收站年接收规模——城镇群内所有LNG接收站（或中转站、接收码头）每年接收LNG的规模，单位为万t/年。

原油储备库容量——城镇群内所有原油储备库总的库容，单位为万m^3。

3. 信息设施

超算中心计算能力——城镇群内拥有所有的国家级超算中心的总计算能力，单位为亿次/s。超算中心计算能力反映城镇群信息设施规模等级，超算中心计算能力越强，城镇群信息设施的供给能力越强，信息设施供给效率越高。

干线光缆网密度——城镇群干线光缆长度与城镇群面积之比，单位为km/km^2。

4. 需求类指标

国内生产总值——城镇群所有城市国内生产总值的总和，单位为亿元。

人均国内生产总值——城镇群所有城市国内生产总值与常住人口的比值，单位为元/人。

（三）评估方法

城镇群重大基础设施供给效率评估采用数据包络分析法（DEA）。

DEA模型评价准则：线性规划模型（$P'\varepsilon$）的最优解为λ^0、θ^0、s^{0+}、s^{0-}，据此进行评价，评价准则如下。

①当$\theta^0 = 1$，且$s^{0+} = 0$，$s^{0-} = 0$时，DMU$_j$DEA有效。这说明城市群内资源得到充分利用，

输入要素达到最佳组合，且取得最大的产出效果，规模最佳。

②当$\theta^0=1$，但至少某个$s^{0-}>0$（$i=1$，2，…，m）或$s^{0+}r>0$（$r=1$，2，…，p）时，DMU_jDEA有效。$s^{0-}>0$，表示第i个输入指标值s_i^-没有充分利用；$s^{0+}>0$，表示第r个输出指标值与最大输出效果值尚有某个s_r^{0+}的不足。

③当$\theta<1$时，DMU_j不是DEA有效。设$k=1\theta^0\sum n_j=1\lambda_{0j}$，当$k<1$时，规模效益递减，反之递增。对于非DEA有效的$DMU_{j0}$，它所对应的（$x_0$、$y_0$）在DEA相对有效面上的"投影"（$\hat{x}_0$、$\hat{y}_0$）是DEA有效的，即$\hat{x}_0=x_0\theta_0-s_0^-$，$\hat{y}_0=y_0+s_0$。

四、城镇群重大基础设施空间效应评估

（一）评估要点

1. 评估要点

（1）重大基础设施空间区位势评析

根据重大基础设施服务水平和服务质量，确定城镇群基础设施服务范围内的优势区位和劣势区位。

（2）重大基础设施区位势与城镇群空间协调

为满足城镇群不同区域人流、物流、信息流等各种流态传输的需求，基础设施服务范围与城镇群空间发展需求范围应相匹配，否则将影响城镇群重大基础设施空间效应的发挥，实质上是协调好基础设施优势区位和城镇群空间格局。

（3）重大基础设施优化与城镇群空间的潜力

基于重大基础设施服务范围与城镇群空间需求范围吻合程度判断，提出基础设施空间优化方案和城镇群发展潜力空间。对于属于优势区位而设施需求量不大的区域，应充分发挥基础设施引导城镇群空间拓展作用，通过调整城镇群空间格局，增加该区域人流、物流、信息流等传输需求，使该区域成为城镇群的潜力发展空间。对于基础设施需求较大，而属于基础设施劣势区位的区域，说明该基础设施供给不足，通过调整优化城镇群基础设施布局，满足该区域人流、物流、信息流等传输需求。

2. 评估技术路线

城镇群基础设施空间效应评估是对因基础设施服务范围不同导致的城镇群空间发展差异进行的量化分析，即在城镇群基础设施有效空间范围内，在对单一基础设施空间效应评估的基础上，综合各类基础设施空间效应，从而确定基础设施区位等级，包括城镇群重大基础设施空间效应评估的空间范围识别、构建城镇群重大基础设施空间效应综合评价模型，并对基础设施空间效应进行科学分析、构建城镇群重大基础设施空间效应评估体系（图3-6）。

（二）评估指标

1. 基础设施空间效应阈值

基础设施空间效应阈值等级确定的首要依据是基础设施的空间服务半径或通勤时间，呈现出空间梯度衰减和服务半径外无效应两个基本特征（表3-2）。

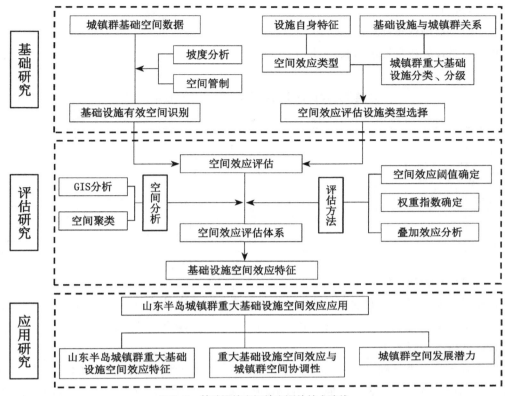

图3-6　基础设施空间效应评估技术路线
（资料来源：本书编写组自绘）

城镇群基础设施空间效应阈值等级　　　　　　　　　　　　表3-2

类别	项目	阈值等级1	阈值等级2	衰减比
机场	枢纽机场（国际机场）	80km（1h）	150km（1h）	0.7
	干线机场（国内机场）	80km（1h）	150km（1h）	0.7
港口	主要港口	100km（2h）	200（4h）	0.4
	地区重要港口	100km（2h）	200（4h）	0.4
铁路	特等站、一级站	30km（0.5h）	50km（1h）	0.6
	二级站	30km（0.5h）	—	0.6
公路	高速公路（国家、省级、城际）	10km（0.5h）	20km（1h）	0.6
	一级公路（国道、城际快速路）	10km（0.5h）	20km（1h）	0.6
电力	特高压、超高压变电站	100km	—	0
	500kV变电站	100km	—	0
油气	长输天然气、成品油分输站、接收站	100km	—	0
	天然气储配站、门站	50km	—	0
信息	云计算中心	100km	—	0
	城市数据中心（IDC）	50km	—	0

注：衰减比是指第二阈值等级作用强度与第一阈值等级作用强度的比值。

2．权重值

（1）基础设施权重确定

单类基础设施权重确定如表3-3所示。

单类基础设施权重判断矩阵与指标因子权重 表3-3

	机场	港口	铁路	公路	电力	油气	信息	权重
机场	1	1/3	1/5	1/3	2	5	3	0.1295
港口	3	1	1/3	1/5	1	3	3	0.1091
铁路	5	3	1	1/2	3	5	7	0.2695
公路	3	5	2	1	3	5	9	0.3285
电力	1/2	1	1/3	1/3	1	3	3	0.0908
油气	1/5	1/3	1/5	1/5	1/3	1	3	0.0423
信息	1/3	1/3	1/7	1/9	1/3	1/3	1	0.0296

多类基础设施权重确定如下所述。

依据重大基础设施空间效应的特征，设施之间会出现乘数效应、联动效应现象；当多类设施共站布置时，会进一步强化联动效应的特征，使得设施空间效应进一步溢出，同时也趋近于设施效应的边际。

两类或多类重大基础设施空间效应权重并非设施综合效能权重，而是多类或两类效应因叠加效应而增加的效益，表征在原有空间效应的基础上进行空间效应的求和，形成对城镇群空间优势等级评价结论（表3-4～表3-7）。

空间效应的增益程度在不同设施间、不同区位等因素下不尽相同。本研究假定两类基础设施空间效应叠加时，叠加效应为在原空间效应基础上上浮20%；三类基础设施叠加时，叠加效应为在原空间效应基础上上浮30%，由此确定基础设施叠加效应的权重值。

两类设施空间效应判断矩阵 表3-4

设施类型	机场、港口	机场、铁路	机场、公路	港口、铁路	港口、公路	铁路、公路	权重
机场、港口	1	1/5	1/9	1/3	1/9	1/3	0.0289
机场、铁路	5	1	1/5	3	1/7	1/3	0.0730
机场、公路	9	5	1	7	1	3	0.3549
港口、铁路	3	1/3	1/7	1	1/5	1/3	0.0522
港口、公路	9	7	1	5	1	3	0.3549
铁路、公路	3	3	1/3	3	1/3	1	0.1361

注：铁路指铁路客运场站，因此与港口关联性相对较小。

两类设施空间效应判断矩阵与指标因子权重 表3-5

设施类型	权重和	上浮权重	上浮值	权重
机场、港口	0.2386	0.0289	0.0014	0.2400
机场、铁路	0.399	0.073	0.0058	0.4048
机场、公路	0.458	0.3549	0.0325	0.4905
港口、铁路	0.3785	0.0522	0.0040	0.3825
港口、公路	0.4376	0.3549	0.0311	0.4687
铁路、公路	0.598	0.1361	0.0163	0.6143

多类设施空间效应判断矩阵 表3-6

设施类型	机场、港口、铁路	机场、港口、公路	港口、铁路、公路	机场、铁路、公路	权重
机场、港口、铁路	1	1/3	1/5	1/3	0.0706
机场、港口、公路	3	1	1/3	1/5	0.1223
港口、铁路、公路	5	3	1	1/7	0.2214
机场、铁路、公路	3	5	7	1	0.5856

多类设施空间效应判断矩阵与指标因子权重 表3-7

设施类型	权重和	上浮权重	上浮值	权重
机场、港口、铁路	0.5081	0.0706	0.010762	0.518862
机场、港口、公路	0.5671	0.1223	0.020807	0.587907
港口、铁路、公路	0.707	0.2214	0.046959	0.753959
机场、铁路、公路	0.7275	0.5856	0.127807	0.855307

（2）权重因子标准化

基础设施权重因子确定时，因叠加增益造成权重总和＞1，因此需要对增益权重进行标准化，对于存在设施较差的区域使用交叉权重值，且与单一类设施权重不重复使用（表3-8）。

基础设施空间效应权重 表3-8

类型	权重	类型	权重	类型	权重
机场	0.0289	机场、港口	0.2400	机场、港口、铁路	0.0706
港口	0.0730	机场、铁路	0.4048	机场、港口、公路	0.1223
铁路	0.3549	机场、公路	0.4905	港口、铁路、公路	0.2214
公路	0.0522	港口、铁路	0.3825	机场、铁路、公路	0.5856
电力	0.3549	港口、公路	0.4687		
油气	0.1361	铁路、公路	0.6143		
信息	0.0296				

（三）评估方法

最大覆盖模型：在给定设施数量、特定距离条件下，设施最大可能覆盖人口。该模型不规定所有地点都覆盖到，但是在规定的时间内能够覆盖最多人口。

空间相关分析：分为全局相关和局部相关。其中，全局相关一般采用Moran's I指数度量空间自相关（要素属性相近程度）的程度。

多因子综合评估法：选择加权算术平均模型作为城镇群基础设施空间效应评估的合成模型，层次分析法作为合成模型中权重确定方法。

本章注释

[1] 查伟雄，熊桂林，刘会林，等. "交通运输-区域经济"复合系统的效率评价［J］. 系统工程，2007（5）：60-65.

[2] 周和平，陈凤. 基于DEA与SFA方法的城市公共交通运输效率评价［J］. 长沙大学学报，2008（5）：79-82.

[3] Munnel，Alice H. Infrastructure Investment and Economic Growth［J］. Journal of Economic Perspectives，1992，6（4）：189-198.

[4] 王任飞，王进杰. 基础设施与中国经济增长：基于VAR方法的研究［J］. 世界经济，2007（03）：13-21.

[5] Behera K. Performance Analysis with Data Envelopment Analysis（DEA）［J］. Journal of Metals and Fuels，2006，54（12）：526-529.

[6] Terry R. How to Better Identity the True Managerial Performance：State often art using DEA［J］. Omega，2008（36）：317-324.

[7] 张思荣，裴楒盈，张敏，等. 基于可拓学与BSC的工程项目绩效评价研究［J］. 工业工程与管理，2012，17（1）：64-69.

[8] 王悦. 人工神经网络企业知识管理综合评价模型研究［J］. 图书情报工作，2011，55（18）：79-82.

[9] 池德振. 交通基础设施项目绩效评估体系研究［J］. 铁道运输与经济，2013，35（5）：79-84.

[10] 袁竞峰，季闯，李启明，等. 基于虚拟标杆的基础设施PPP项目绩效评价体系构建［J］. 现代管理科学，2011（7）：12-14，37.

第四章　城镇群大型综合枢纽、廊道选址与规划

一、研究思路

本章从空间规划视角研究了城镇群中两类三级的重大基础设施廊道系统、两类两级的综合枢纽的选址与规划，具体包括三方面。

1. 城镇群重大基础设施综合枢纽选址

首先通过对样本城市的城际出行调查和影响因子分析，研发了城际客运交通需求因子引力预测模型，并进行了参数标定、模型检验和精度分析，建立了基于时间阻抗的城际客站与换乘站间流量分配模型；接着通过网络问卷获得的广佛、长株潭、长吉等城际出行的样本，通过建立GIS空间信息数据库，将出行属性信息与出行起终点空间信息在数据库中挂接分析，对城镇群内城际出行特性研究表明，城际出行在空间上与功能布局产生必然的关联，这种关联性可以描述为城际换乘网络有助于出行的便捷，也会反映出城市部分功能会随着城际交通网络的建立出现调整；最后以潍坊交通换乘网络规划为例研究两类枢纽的衔接机理，开展换乘枢纽及其衔接网络与城市空间耦合关系模拟，研发以城际客运枢纽为中心的换乘网络空间规划关键技术，通过设立快速换乘枢纽，形成以火车站为中心换乘枢纽，以中心城区轨道线网为基础，在3条线路上铺设延伸线，形成覆盖整个"1+5"城市圈的轨道系统。

2. 城镇群重大基础设施廊道空间选址

通过建构宏观决策和微观选线两个层面的指标体系、权重和量化模型，利用相元赋值的方法构建可视化的人机互动平台，实现对规划方案动态比选和辅助决策。本部分分为指标体系研究、理想值与权重研究及辅助决策系统开发相关联的三个部分。首先为选址指标体系研究，本研究以城际高速公路和铁路为例，针对廊道（枢纽）选址，建立了宏观和微观两个层面指标体系，并将指标体系分为总目标级、评价因素和评价指标。其次为理想值与权重研究，廊道空间选址指标体系中高速公路路网密度、高速公路连通度指数、人口分布密度和山体坡度4项量化指标需要通过与理想值的对比赋值。在权重的确定中采用层次分析法确定权重和专家评分法确定各指标权重，专家还可在人机互动层面对权重进行适度调整。最后为辅助决策系统开发与应用。基于城镇群重大基础设施数据库，利用计算机技术、管理信息系统（MIS）、地理信息系统（GIS）、决策支持系统（DSS），通过理论分析、模型建立、影响因素确定、应用程序设计等步骤，研发城镇群重大基础设施规划辅助决策软件系统，能为决策者提供限定条件下的多方案比较和基于效能评估的辅助决策。

3. 城镇群重大基础设施用地指标

城镇群重大基础设施建设应统筹规划，本部分主要包括战略性基础设施用地定额、支撑性重大基础设施用地定额以及保障性重大基础设施用地定额三大部分，以便从设计和施工方面节约用地，防止发生浪费现象。

二、城镇群重大基础设施综合枢纽选址

我国高速铁路、动车组的建设改变了时空关系，使区域之间、城镇群内城市之间的出行效率大幅度提高。但是，由于城市内部，尤其是大城市的公共交通系统主要针对内部居民的出行需求，导致城际出行中城市部分的效率不高，甚至已成为城际间客运交通的制约因素。因此，本部分研究旨在针对城际出行的城市公共交通部分开展专题研究，包括建立交通需求模型、城际出行特征调研和以城际客运站为中心的城际换乘系统研究内容。

（一）研究概述

1. 研究意义

推动城镇群的健康协调发展，是关系我国城镇化健康发展和现代化建设全局的重大战略。"十二五"规划要求"推进重点开发区域城市群的城际干线建设"，轨道交通将成为城镇群最主要的城际交通方式，以通勤、商务等为目的的城际交通出行将快速增长。

城际轨道交通出行链可分解为：出发地—公交换乘枢纽—城际轨道交通客运站等阶段。从已建设城际轨道交通的城市来看，城际出行时耗较高是因为公交换乘枢纽和城际轨道交通客运站之间的联系较为薄弱。究其原因，公交换乘枢纽及其网络是为适应城市内部交通需求，其理论方法和规划布局并未考虑与城际轨道交通客运站相协调。因此，本书尝试提出设置服务城际轨道交通客流为主的市内公交换乘枢纽（以下简称"城际公交换乘枢纽"），通过研究枢纽与城市人口和空间功能的关系，形成以城际轨道交通客运站为中心的公交换乘枢纽网络体系，以解决城际出行链中市内出行效率低的问题。

由于我国城镇群密度大，城市开发强度高，同时行政区划、户籍政策等又抑制了城市间的人流、物流交往。因此，本书深入分析我国城际客流的特征，在交通需求预测的基础上，研究城际轨道交通与城际公交换乘枢纽的衔接肌理，探索符合中国国情的城际换乘枢纽规划布局方法，为城市规划、交通规划中优化和改进公交换乘枢纽的布局提供理论依据和技术支持。

2. 研究进展

城际公交换乘枢纽是指以输送城际客流为主的城市内公交换乘设施，其主要服务对象是城际轨道交通出行者。因此，城际交通出行特性决定着城际客运交通需求的特性。

在城际交通出行特性研究方面，日本的Yusak O. Susilo等根据三次交通调查对大阪都市圈1980～2000年的私人小汽车和公交通勤情况做了对比研究，发现30年间两种通勤方式的出行距离都有所增长，而出行时间却有所下降；社交与休闲出行的需求增加，小汽车通勤者更愿意增加出行次数而不是在一次出行上增加多个出行节点，公交通勤者则恰恰相反[1]。在出行影响因素方面，英国的 Joyce M. Dargay在1995～2006年的英国出行调查的基础上，分析了收入、年龄、性别、职位、家庭状况等九个因素对长距离出行的影响，研究发现对长距离出行影响最大的因素是收入，而且收入对长距离交通方式的选择有重要的影响作用；研究者制定了收入弹性指数用以衡量这种影响；另外，性别和年龄对长距离出行也有较大影响[2]。在城市群区域调查方面，美国的Carr Smith Corradino 于2000年对佛罗里达州东南部的区域性交通出行特性进行研究，调查采用了约5200个样本，调查内容包括家庭及个人出行次数、出行方式等[3]。Nurul Habib 等采用了一种混合连续离散系统模型对大多伦多都市地区进行了出行特性研究，将出行时间和出行方式结合起来进行调查，而不是传统的将两个指标分离调查[4]。

　　国内在城市（际）交通出行特性研究方面，黄建中从城市居民出行强度、出行方式与结构、出行空间分布三个方面，研究了1980年以来我国特大城市居民出行特征，发现居民出行强度和距离都有较大幅度上升，公共交通出行比例下降[5]。彭辉对北京—郑州运输通道内的乘客出行特征进行了研究，发现城际交通出行的主要影响因素是收入，且选择的交通方式不同，这与Joyce等在英国的研究成果有异曲同工之处[6]。严敏也曾经对出行距离的影响因素进行研究[7]。郭华等从比较经济效益和安全特性的角度，提出适应城市群交通结构出行的交通方式是城市铁路[8]。陆建等对居民一次出行时耗与城市规模之间的关系进行研究，提出了不同规模下居民出行的规划指标[9]。解利剑等研究了区域一体化下广州市居民的通勤特征，认为交通设施决定通勤方式，收入低者用于通勤的时间要高于收入高者[10]。周钱等对比了国内外城市居民出行特性，发现国内的出行目的分布中，通勤出行的比重下降，与之相对应的生活性出行比重提高[11]。宋程对比了国内三大城市群（长三角、珠三角和京津冀）的出行特征，发现城市居民人均出行次数随城市经济增长而增加，且居民的生活和文娱出行比例较高[12]。李军等分析了长株潭城市群城际与城内客运出行的时间分布和出行目的、出行方式等[13]。

　　城际交通出行可以看作"组团式"城市出行在地理区域上的放大，其出行特性应具有相似之处。方楷等在研究组团城市的居民出行时耗时发现，组团城市居民一次出行时耗普遍低于同等级的非组团城市，组团城市中心每次公交出行时耗普遍低于其他组团[14]。李娟等通过对石家庄和广州的横纵向对比，发现组团式城市的居民出行特征指标随着城市规模、布局的变化而变化，城市由单中心结构转变为多中心结构，更利于均衡交通流向和减少居民出行率[15]。

　　城际交通需求预测是城市交通需求预测的延伸。国外在城市交通需求预测方面，20世纪50年代初期，出行生成模型大多是基于家庭或小区的增长系数法；60年代末以前，美国大部分运输规划研究中都采用线性回归模型；60年代末，英国人提出了一种改进的方法，称为类型法，美国人称为交叉分类法，该模型一直是出行生成预测的主宰；交通分布模型中最典型的是重力模型和增长系数法。1965年，Furness提出了著名的增长系数法，1955年，Casey最早提出重力模型并分析某一地区内部小区间的购物出行，该模型根据出行产生吸引总量的约束条件又分为单约束模型和双约束模型，后来该模型从最大熵原理和最大似然原理方面均得到了解释。1940年，Stouffer提出了介入机会模型，1959年，Schncider将该模型加以改进并沿用至今；交通方式划分模型主要分为集计模型和非集计模型两种，最早的集计模型是分担率曲线法，非集计模型以效用最大化理论为基础，最早的非集计模型研究者主要有Warner、Lerman等，但他们的模型与传统的方法相比有明显而严重的缺陷，80年代以来，非集计模型得到很大的发展。1975年，Domencich基于最大效用理论提出了离散选择模型，根据所采用的概率分布函数不同，又分为Logit模型族和Probit模型族，其中多元Logit模型至今被广泛应用；最早的流量分配方法是全有全无分配方法，包括增量分配法、连续平均法、容量限制配流等。1952年，Wardrop提出了著名的Wardrop原理，开始了平衡模型探索求解，1956年Beckman等将Wardrop原理用数学语言进行表述，但直到1982年，Florian和Fernandez才提出了该模型的算法，而目前常用的则是Frank和Wolfe提出的F-W算法。

在城际客运交通量预测方面，Feng Xuesong等针对印度尼西亚的Jabodetabek大都市区提出了一种带有反馈机制的区域交通需求预测模型，该模型可用Transcad软件实现，且预测精度要比传统无反馈模型高[16]。美国学者 Zhang Yu-Fang和 Boyce David E等也介绍了一种多变量反馈机制的需求预测模型，并在3.2万km²的纽约都市圈加以应用，发现利用路段流量要比采用时间或速度来控制迭代进程更加优越[17]。Yao Enjian等学者建立了一种适应服务水平变化的城际整合交通需求预测模型，并以日本的城际高铁为实例进行了验证[18]。Chandra R. Bhat等学者建立了一种活动-出行模式下的综合工人通勤出行生成预测模型，模型的构架基于波士顿大都市区两个城市的工人通勤出行[19]。

国内在城际交通需求预测方面的研究起步较晚，研究水平差异也较大。董智研究了城市群间交通需求的产生机理，研究将需求影响因素分为原始因素、提升因素和抑制因素三种[20]。陆化普等根据城际轨道交通的基本特点，将客流预测分为城市间客流和城市内客流两部分分别进行预测，然后通过叠加方法得到总的预测客流量[21]。王树盛对城市群轨道交通客流预测理论及方法进行了研究，以交通走廊理论为依据，提出了走廊分析客流预测的基本框架，并以 Logit 模型为代表的非集计模型，同时还对轨道交通的吸引范围做了研究，结合TransCAD交通规划软件，提出了基于效用矩阵的客流预测方法和SP的走廊客流预测方法[22]。钟绍林提出针对城际快速交通地区综合路网发达，交通方式间换乘便捷，人口出行多方式、多路径的特点，提出包括基于综合路权、换乘阻抗，以及动态多路径概率分配思想的多方式、多路径客流方式划分与配流组合预测模型，并通过对穗莞深城际快速轨道交通的客流预测，验证了模型的科学性和有效性[23]。

近年来，我国的城镇群轨道交通蓬勃发展，城际交通需求预测有了很多的工程应用，如广珠城际铁路，采用符合实际的预测阶段与预测模型，通过分析项目所涉及的沿线地区的社会经济水平、人口数量、地理位置等因素选取最适合的模型进行预测，采用客流分配组合模型；沪宁城际铁路，以现状OD交流情况为基础，用交通调查进行OD反推，得出现状客流空间特性，进而预测未来客流的需求，然后采用一定的模型把空间出行分配到相关路网；厦深城际铁路，对项目影响区进行交通小区划分，预测规划年各小区的交通产生量和吸引量，运用福来特模型预测规划年交通量分布，运用概率模型预测轨道交通分担率，运用最短路径法预测各停靠站点的上、下车旅客数[24]。

本研究试图利用区域间的经济社会参数引入引力模型进行城际交通需求预测。引力模型是描述城市空间相互作用的重要的函数形式之一，引力函数是距离函数，用于度量两个区域之间引力随距离衰减的规律，这里的距离是广义距离，既可以是几何距离，也可以是交通费用、交通时间、经济往来，还可以是这些因素的线性组合。该理论最早是由赖利（W.J.Reily）于 1931 年根据万有引力理论提出的"零售引力规律"。利用引力模型进行建模和预测已经广泛应用于经济、地理、环保、交通等许多学科。

在传统的"四阶段法"交通需求预测中，采用引力模型进行交通小区间的交通分布，模型采用两小区间的实际阻抗作为距离，通常有无约束重力模型、单约束重力模型和双约束重力模型等若干种形式。

在模型构建、影响因素提取方面，崔东旭等曾利用主成分分析法提取了构建城市竞争力的评价模型的影响因子，并对城市竞争力空间差异的影响因素进行了分析[25]。张萍等曾经利用主成分分析法提取了影响港口吞吐量的预测影响因素，并以南京港为例，对模型进行验证，结果证明该模型能较好地反映实际系统模型，对系统的拟合有效[26]。西南交通大学的高丹通过对客运专线客运量的影响因素进行敏感度分析，得到关键影响因素并选为重力预测模型的变量，确定OD间历年的客运总量，对重力预测模型的参数进行标定，并应用重力模型对成灌线铁路客运专线的客运量进行预测[27]。

重力模型在交通规划其他方面也有应用。李斌等运用重力模型，在ArcGIS平台上通过VBA编程模拟河南省公路客流空间运输联系，通过潜能和交流量对比，发现河南省有两条交通优先发展带[28]。唐相龙等基于引力模型，采用断裂点（breaking point）模式计算出了陇南市到周边10座同级相邻城市的断裂点位置，确定了陇南市中心城市武都区的吸引范围，提出了对外交通规划构想[29]。刘奕等结合交通网络的特征，提出了基于引力模型和拓扑结构的城际交通网络布局规划方法，并对湖北省2015年城际高速公路网的布局进行了预测，并就城际经济社会空间联系进行了分析[30]。

国内外交通换乘枢纽空间布局的研究主要包括对外交通客运场站布局优化与换乘枢纽交通衔接设计研究等关键内容。

欧美国家为解决交通拥挤问题，20世纪50年代开始进行城市综合换乘枢纽的规划、设计及政策研究，探索了许多适合各自城市特色的经验和方法。普拉夫金将枢纽定位在城市层面上，对枢纽内各种运输方式的协调运作进行了系统研究[31]，斯卡洛夫主编的《城市交通枢纽的发展》一书则全面系统地论述了城市交通运输枢纽的合理布局、各种运输方式的适用范围、运输管理自动化等问题，以及城市各种运输设施合理配置与相互衔接的问题[32]。

在布局优化方面，Marianov和Sara在充分考虑枢纽选址与时间和费用关系的基础上，建立了0-1线性规划模型，并采用Tabu启发式算法求解[33]。Harry T. Dimitriou[34]、Markcwalkek[35]、加腾晃、竹内传史[36]等对城市公共交通枢纽的评价指标体系进行了构建，Eiichi Taniguchi等[37]、Y. Sheffiy[38]等对换乘枢纽选址与网络设计同时优化问题进行了研究。Snehamay等则结合土地利用与客运换乘枢纽布局设计的关系探讨了二者的互动影响作用等[39]。

在换乘枢纽交通衔接设计方面，Matins建立了以成本最小化为目标，同时满足资源约束和需求约束，设计接运公交线路和发车频率的优化模型[40]。Md.shaoaibChowdhury对多方式交通网络的换乘优化理论进行了研究，认为在公交需求广泛的市区，乘客的出行需求由各种交通方式共同满足，包括轨道交通、快速公交、常规公交等；在多运输方式集成的换乘枢纽进行时刻表的同步优化，可以显著减少在枢纽的换乘时间[41]。

在综合交通枢纽布局优化方面，席庆等提出了交通换乘枢纽的三种换乘模式，即直接换乘、方便换乘和间接换乘，给出了运输枢纽中客运站点的布局原则，并以成都为例进行了客运站点的布局研究[42]。袁虹等在分析现有综合交通枢纽规划模型和方法的基础上，从综合交通枢纽运转过程中的交通需求产生机理的角度，提出了综合交通枢纽场站布局规划的两阶段法，该方法得到广泛认可[43]。Lv Shen等[44]、Li Ming等[45]分析了枢纽布局与城市土地利用、客运需求走廊分布和交通网络的关系，提出了宏观布局、微观选址的枢纽规划方法。宏观布局以公交导向土地开发为理念，确定枢纽的选址区域；微观选址以提高居民出行效率为目标，以用地性质、平均容积率及与客运需求走廊的距离为约束，建立非线性选址规划模型，确定枢纽的最佳位置。李得伟等将一体化枢纽划分为城际级客运枢纽、组团级客运枢纽和城区级客运枢纽三个层次，并重点对其在城市中的位置以及布局原则、一体化枢纽和其他交通设施的衔接模式与管理模式进行了分析研究[46]。在布局优化的基础上，晏启鹏等分析了公路客运枢纽系统特性，构造了系统运营模拟框架，编制了经检验有效的模拟程序，再现了系统运营的全过程，通过计算机模拟可以对客运系统站场布局的合理性进行评价，为客运站场规划提供科学依据[47]。

在城际公交换乘枢纽的空间布局方面，国外对"停车换乘（P+R）"设施选址规划研究较多。Kerchowskas等于1977年发表了P+R设施规划手册[48]。P+R设施是一种阻止过多的小汽车进入城市中心区的换乘设施，同时为换乘枢纽的规划和建设提供了一种新思路。Parkhurst从宏观角度出发比较两种P+R的布局方案，分别是典型的边缘停车场和将边缘停车场分离为几个小型停车场分散布置在出行线路沿途。对比分析后发现，分散的选址布局模式更加有利于提高设施的服务水平和社会经济效益[49]。Bilal Farhan等在2007年分析了传统的选址方法大致有三种，即覆盖尽量大的需求产生区域、靠近主要的道路和基于已有的系统设施进行选址，现有选址模型不能兼顾三种方法的长处，故提出了一种多目标空间优化选址模型，并在俄亥俄州的哥伦布市进行了应用[50]。希腊学者Kepaptsoglou提出了一种基于遗传算法的P+R设施最优化收费策略，并将该策略在雅典的地铁P+R设施中加以应用[51]。

然而并不是所有的学者都认同停车换乘设施的作用，英国学者G. Parkhurst在2000年做过八个停车换乘的实例调查，发现绝大部分城市中心区的小汽车使用量都降低了，但是中心区外围的车辆使用却增加了，且增加的额度超过了造成区内部减少的额度，因此他认为P+R设施并不是一种降低汽车使用的直接措施[52]。与其有相同见解的还有英国的Stuart Meek等，他们以英国剑桥镇为例对几种非传统的基于巴士停车换乘系统进行了评价，发现当前的传统停车换乘系统令其使用者显著增加了行车距离，而非传统的停车换乘系统却具有极大的开发潜力[53]。

总体来说，国内外在城际交通出行特征、出行特征与出行者属性因素的关系等基础研究方面取得了较丰富的成果；在交通需求预测方面，国外对城市内部交通需求的研究成果较多，建立了较多基于"四阶段法"的集计预测模型。但是由于我国城镇群的空间组织模式更依赖于行政管理，城市的空间聚集度和开发强度较高，人口密度高，但区域流动性差等，国外的城市群交通需求预测模型在我国的适用性不强，使得许多国外的经验无法在我国直接应用。国内在模型构建方面研究较多，大多数采用主成分分析法筛选建模因子，建立引力模型后进行标定，经过验证发现预测效果较好。

3. 研究方法

（1）询问式问卷调查法

本研究拟采用问卷调查法对选定城市的城际出行者进行出行调查。调查拟采用定点调查与跟车调查相结合的方法进行，铁路在旅客候车厅及列车上进行；公路在公共客车的候车室进行，必要时跟车调查；航空在机场候机厅进行。调查内容包括出行者基本情况（如职业、收入、居住地等）、出行基本特征（如出行目的、出行次数、各种方式出行次数、出行费用、市内换乘方式等）以及对运输方式的选择意愿、对运输方式经济、快速、安全、方便、舒适性的选择等。调查拟对每个城市耗用时间为一周，调查员数量按照样本容量确定，通常每个调查员每天可完成65～80个样本，完成后进行数据录入和整理，以及建数据库。调查的流程如图4-1所示。

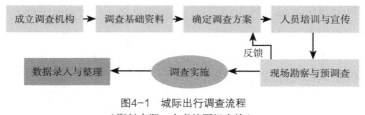

图4-1　城际出行调查流程
（资料来源：本书编写组自绘）

（2）文献调查法

本研究中所使用的土地利用、人口、经济等数据资料通过查阅当地的国土、城市规划档案和城市统计年鉴得到。

（3）空间权重矩阵

为了揭示属性值之间的空间联系，可以通过定义一个空间连接矩阵来衡量。空间连接矩阵可以依据空间数据的拓扑属性（如邻接性）或者空间距离来构建。距离矩阵与邻接矩阵分别定义如下。

本研究问题为城际出行点分布与其他因素的空间相关性，因此采用基于邻接性的空间关系构建权重矩阵。

$$W_{ij}\begin{cases} 1, & 区域i和j在d之内 \\ 0, & 区域i和j在d之外 \end{cases}$$

$$W_{ij}\begin{cases} 1, & 区域i和区域相邻 \\ 0, & 区域i和区域j不相邻 \end{cases}$$

（4）全局空间自相关分析

全局空间自相关是对属性在整个区域空间特征的描述，反映空间邻接或空间邻近区域单元观测值的相似程度。一般在涉及全局空间自相关的研究中都应用Moran's I指数表示。其值在+1，大于0表示存在空间正相关，小于0为负相关，等于0ˉ则表示不存在空间相关性。

$$I = \frac{\sum_{i=0}^{n} \sum_{j \neq i}^{n} W_{ij}(x_i - \overline{x})(x_j - \overline{x})}{S^2 \sum_{i=0}^{n} \sum_{j \neq 0}^{n} W_{ij}}$$

$$S^2 = \frac{1}{n} \sum_{i=0}^{n} (x_i - \overline{x}), \ \overline{x} = \frac{1}{n} \sum_{i=0}^{n} x_i$$

式中，x_i、x_j 为i、j区域的城际出行密度值。

（5）局部空间自相关分析

局部空间自相关是衡量每个空间要素属性在局部的相关性质。本研究采用LocalMoran's I指数，表达式如下：

$$I_i = \frac{(x_j - \overline{x})}{S^2} \sum_{j \neq i}^{n} W_{ij}(x_j - \overline{x})$$

式中，各参数含义同Moran's I表达式，其中I_i的绝对值越大，表示子区域空间关联程度越高。

（6）空间分布重心计算

重心的概念在物理学上是指物体各部分所受重力产生合力的作用点。1874年美国学者沃尔克将其用到人口分布中，把地区人口分布理解为人口分布图上具有确定的点值和位置的散点群，在平面上全部力矩达到平衡的支点就是人口密度重心。在此次研究中，本指标将成为城际出行密度重心的计算公式。

$$X = \frac{\sum_{i=1}^{n} x_i \cdot P_i}{\sum_{i=1}^{n} P_i}, \quad Y = \frac{\sum_{i=1}^{n} y_i \cdot P_i}{\sum_{i=1}^{n} P_i}$$

式中，X、Y分别为城际出行密度重心的横坐标和纵坐标；x_i、y_i分别为次一级区域的横纵坐标；P_i为相应的城际出行密度；n为次级区域的个数。

4. 技术路线

技术路线如图4-2所示。

（二）城际交通需求预测

1. 预测方法

关于城际客流需求预测普遍认同有两种方法。

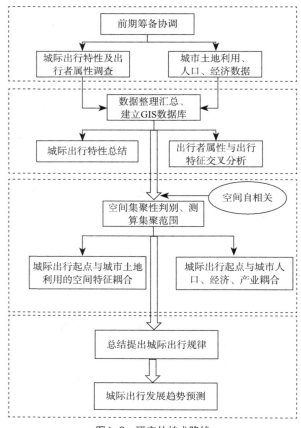

图4-2 研究的技术路线
（资料来源：本书编写组自绘）

第一种是传统的"四阶段法"，需要有大规模的OD调查和社会基础调查作为支撑。在城际范围内其预测的步骤和流程与城市范围内非常类似，像美国的很多州都在州际范围内进行定期的调查以建立州域交通规划模型[54]，城际客流需求预测可以在此基础上进行。目前我国很多城市建立了自己的交通规划模型[55、56]，但更大区域如城市群的交通模型未见报道。研究者都是以传统的"四阶段法"为基础，着眼于轨道交通这一出行模式的城际预测，结合实际项目选择合适的各阶段模型或改进模型[57、58]。但在城市群中由于涉及城市多，开展大规模的交通调查存在困难，因此没有获得足够的基础数据，导致目前我国城际客流需求预测工作困难重重、精度不高。

第二种是直接预测模型，即在城市群中的任意OD城市对之间直接用一个模型来预测此OD对的客流量[59]，这一模型通常与两端城市的经济、土地利用、行程时间、出行费用等因素有关。Fravel解释最常见的模型是引力模型，以人口作为分子、以城市间的距离作为分母是最基本的表达，但事实也证明这样简单的模型在实际应用中存在很大偏差，需要在实践中不断进行验证[60]。还有一些学者利用灰色模型、神经网络、时间序列、回归分析等进行城际单一出行模式（铁路、公路等）的客流预测[61-63]。

本书将针对城际客流需求预测的第二种方法，在没有大规模OD调查的数据基础上，分析哪些指标能够代表城际客流需求的特征，寻找合适的引力模型，并构建基于需求因子的城市群城际客流预测模型。

城市群OD示意图如图4-3所示，对城市群中的任意一对城市，一端为出发区（O），另一端为到达区（D），则城市群内的城市划分为两类区域：出发区和到达区。用O_i表示第i个出发区的出发量，用D_j表示第j个到达区的到达量，T_{ij}表示出发区和到达区之间的流量。

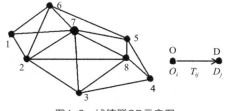

图4-3 城镇群OD示意图
（资料来源：本书编写组自绘）

对于T_{ij}，从城市地理学的角度，城市或者区域之间的流量大小与引力大小存在不容置疑的关系。引力越大，流量一般也会越大[64]。这样的规律符合空间相互作用模型，空间相互作用模型有多种形式，最著名的是Wilson的最大熵模型[64、65]，它是一种流量的空间分布模型。采用该模型族中的旅行工作模型（journey-to-work model）可以分析并预测城市之间客流的流动情况。

依据这样的思路，T_{ij}可以用基于最大熵原理产生-吸引双重约束引力模型表示如下：

$$T_{ij}=A_iB_jO_iD_jf(C_{ij})$$

式中，O_i和D_j以及T_{ij}同前面的说明。

A_i和B_i是标度因子的集合，公式如下：

$$A_i=\frac{1}{\sum_{j=1}^{n}\left[B_jD_jf(C_{ij})\right]}, \quad B_i=\frac{1}{\sum_{j=1}^{n}\left[A_jO_jf(C_{ij})\right]}$$

$$(i, j=1, 2, \cdots, n)$$

式中，C_{ij}为i区到j区的单位流量成本；$f(C_{ij})$为距离衰减函数，它有负指数和负幂律的形式。

如此便会有以下约束条件成立：

$$\sum_{i=1}^{n}T_{ij}=D_j, \quad \sum_{j=1}^{n}T_{ij}=O_i, \quad \sum_{i=0}^{n}\sum_{j=1}^{n}T_{ij}=\sum_{j=1}^{n}D_j=\sum_{i=1}^{n}O_i$$

对于这个模型，如果按照常规思路，在城市群中调查得到所有城市的O_i、D_j和T_{ij}，很方便就可以把模型标定出来。但这正是在城市群中所碰到的困难，太难获得所有的O_i、D_j和T_{ij}调查资料。课题针对这个问题进行创新性探索，探索研究能否用简单易得的指标代替城市的O_i和D_j来进行T_{ij}的预测。

要解决这个问题，就必须要研究O_i和D_j能否用一些简单易得的变量表达，哪些变量，阻抗是采用负幂式还是负指数式，单位成本流量在城际交通中如何表达，模型如何利用样本进行标定？

因此，课题的技术路线如图4-4所示。

2．出行特征与影响因素

首先是城际客流特征。城际交通出行特征主要包括出行目的、出行方式、出行距离/时耗等基本出行特性，本部分研究城际交通特征与出行者收入、职业、年龄、性别等影响因素之间的关系，确定各阶层出行者的期望出行方式、出行时耗以及运送速度。

本书选取了京津、昆曲、京郑、长株潭等城际铁路线路以及山东半岛城市群为研究对象，分析了城际交通出行特征。

（1）京津城际高速铁路出行特征分析

京津城际铁路以其先进可靠的技术装备、人性化的服务系统、高效便捷的运输产品和公

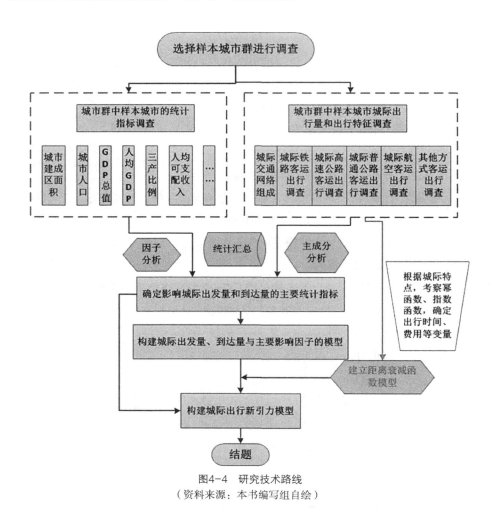

图4-4　研究技术路线
（资料来源：本书编写组自绘）

交化的运输组织模式，迅速赢得了城际客运市场。基于历史客票信息和北京南站的客流调查数据，对京津城际客流特征进行系统分析。

1）京津高速铁路客流结构分析。

①旅客出行目的和职业结构。就出行目的而言，京津高速铁路出行旅客中，公务出差客流最多，占35.3%，其次是探亲流，占27.3%；就旅客职业来说，公司职员最多，占37.3%，其次是事业单位人员和自由职业者，分别占18.7%和14%。

②出行目的和旅客年龄。京津高速铁路客流中，年龄在21～30岁的客流比重最大，占47%；其次是31～40岁的旅客，占26.5%；而50岁以上的客流比例最小，为6.6%，其中60岁以上的旅客仅有1.3%。在重点年龄段21～40岁的客流中，公务出差和探亲的比例最大，分别占总出行人数的17.9%和15.9%，所占比例要高于平均值；其他非重点年龄段的旅客探亲等因私出行比例则要明显高于平均值。

③费用来源和出行目的。旅客费用来源与出行目的的关系如表4-1所示。

费用来源和出行目的关系（%）　　　　　　　　　　　　　　　　　表4-1

项目	公费	自费	合计
探亲	1.90	24.70	26.60
公务出差	29.10	5.10	34.20
旅游	0.00	12.70	12.70
经商	1.90	4.40	6.30
通勤	0.60	0.60	1.30
学习	0.00	3.20	3.20
其他	2.50	13.30	15.80
合计	36.10	63.90	100.00

资料来源：本书编写组自绘。

由表4-1可知，在客流的费用来源中，公费客流占36.1%，自费客流占63.9%，自费出行旅客明显多于公费出行旅客，自费出行旅客比例要高于其他线路。

④旅客家庭月人均收入结构。旅客家庭月人均收入结构如表4-2所示。

费用来源与月收入（%）　　　　　　　　　　　　　　　　　　表4-2

项目	合计
1000元以下	6.80
1000~2000元	9.60
2000~3000元	24.70
3000~5000元	26.70
5000元以上	32.20
合计	100.00

资料来源：本书编写组自绘。

由表4-2可知，在京津高速旅客中，家庭月人均收入在2000元以上的占84%，在3000元以上的占59%。

2）京津高速铁路旅客出行特征分析。

①旅客选择京津高速铁路的主要因素。旅客选择京津高速铁路的主要因素包括票价、安全、方便、舒适等方面。速度快是旅客选择京津高速铁路的首要原因，57.5%的旅客最看中的是旅行时间；其次是方便性，51%的旅客认为京津高速铁路方便，即购票方便、发车频率高；而安全性、舒适性和准时性旅客选择比例不高，也就是说，相比于其他交通工具，京津城际的这些优势并不明显；旅客最不认可的是票价，只有少于15%的旅客认为目前的票价合理。

②京津间常旅客比例。70%的旅客每月在京津间出行多于1次，往返3次以上的旅客多于40%，可见京津间出行的旅客多数为常旅客。

③京津间往返出行的周分布。旅客在京津间通常出行的周分布统计如表4-3所示。

旅客在京津间出行的日期统计表（%）　　　　　　　　　　表4-3

日期	周一	周二至周四	周五	周六、日
比例	19.50	30.82	43.40	38.99

资料来源：本书编写组自绘。

由表4-3可知，京津间客流量在周五到周一间较大，其中周五量最大，说明较多旅客自周五出行后再于周六、周日、周一折返，具有类似于通勤流的基本特征；周末往返的流量也比较大；而日常周二至周四流量相对较小。

④京津间通常出行的时间段。根据旅客在京津间通常出行的时间段选择情况可见，旅客选择早上7：00~9：00和19：00前出行比例最高，而选择其他时段的比较均衡。

（2）京郑运输通道出行特征分析

京郑运输通道位于京广运输通道中北段，起点北京，途经保定、石家庄、邯郸、新乡等城市，终点为郑州，是中国南北交通运输最繁忙的通道之一。京郑通道内有高速公路、铁路、航空等运输方式，并且各种运输方式竞争激烈。2003年，通道内的铁路旅客交通流量占全部交通流量的26.4%，旅客周转量占全部周转量的33.7%；同时，相应的公路旅客所占比重分别为73.6%和66.3%。由此可见，公路和铁路承担了大部分的运输量，在运输通道中占据着重要地位。随着中国社会经济的发展，运输通道内的各种运输方式都在不断发展和完善，通道内的运输结构也在不断变化。

1）旅客职业分布。

旅客职业分布主要由不同运输方式及各类人员出行的比例构成。旅客出行中企管人员最多，占24.1%，其次为科研人员、个体经商人员、工人和农民。上述人员达68.6%，且构成较稳定。

2）旅客收入特征。

旅客收入特征是研究不同收入阶层的旅客对出行方式选择偏好的重要参数。调查结果表明，被调查人员中月收入小于1000元和1001~2000元所占比重最大，分别为29.4%和32.1%。其他层次收入人员的比例基本相当。

比较乘坐火车、汽车与民航的旅客收入统计，可以发现，月收入小于1000元的旅客中选择公路出行方式的比例最大，月收入介于1000~2000元的旅客中选择铁路出行方式的比例最大，月收入高于2000元的旅客中选择民航出行方式的比例最大。

3）旅客出行目的构成。

旅客以出差、经商和探亲为目的的比例最大，分别为39%、16%和15%，总和超过70%。公务为目的的占39%，商务旅行占26%，非公务的占33%。公务旅客选择出行方式所占比重按飞机、汽车、火车递减，非公务旅客则相反。

4）出行距离分布。

公路旅客运输灵活、方便，适合于短距离客流，在小于300 km的出行距离内，公路占有绝对优势；当出行距离超过300km后，铁路所占运输市场份额大于公路。因此，可认为铁路旅客运输舒适、廉价，适合于中、长距离的客流。民航运输高速、费用高昂，适合于长距离的客流。

5）旅客对服务属性的考虑。

通过问卷调查，询问旅客选择交通工具考虑服务属性的顺序，并假定出行时飞机航线、高速和快速铁路、高速公路均已存在，不同运输方式被旅客列为第一重要服务属性的比例如表4-4所示。

第一重要服务属性比例选择（%）　表4-4

指标	第一重要服务属性比例				
	安全	费用	舒适与服务	速度	直达
铁路	54.78	13.75	12.06	13.09	6.32
公路	59.64	6.83	9.07	17.77	6.69
民航	54.64	4.13	8.56	26.69	5.98

资料来源：本书编写组自绘。

旅客最为关心的是安全，约占56%；仅次于安全的要素是速度和费用；直达被选择为第一重要因素的比例较低；随着旅客收入的提高，旅费将不再是控制因素。

将旅客对现有交通工具最不满意的地方按票价高、不舒服、不安全、速度慢、不准时作统计，如表4-5所示。

旅客对现有交通工具最不满意服务属性排序（%）　表4-5

指标	交通方式单一	票价高	不舒服	不方便	不安全	速度慢	不准时	合计
铁路	11.65	23.07	16.10	11.93	6.54	21.38	9.33	100
公路	5.23	38.69	40.52	3.79	3.41	7.56	0.80	100
民航	9.82	78.04	2.80	7.68	0.97	0.52	0.17	100

资料来源：本书编写组自绘。

旅客对铁路运输最不满意的是票价高和速度慢，分别占23.07%和21.38%。相比较，表4-4中旅客最看重的属性是安全，而表4-5中旅客对现有交通方式安全满意度较高，相比之下急需满足旅客需求的是速度和票价。

6）旅客对出行方式的选择。

旅客最愿意选择的出行方式调查结果如表4-6所示。

旅客最愿意选择的旅行方式（%）　表4-6

指标	最愿意选择的旅行方式				
	公路		铁路		飞机
	普通公路	高速公路	现有铁路	高速铁路	—
铁路旅客	2.48	11.95	30.99	43.60	10.98
公路旅客	29.32	20.24	11.14	36.22	3.08
民航旅客	1.36	1.12	1.68	41.18	54.66

资料来源：本书编写组自绘。

旅客中愿意选择高速列车旅行的比例最大，为43.6%；其次为高速公路，为11.95%。这表明，旅客对旅行速度和舒适性的要求较高，应是今后运输工具的发展方向。但同时也有14.4%的旅客选择了普通列车，说明仍有部分低消费群体在选择交通工具时价格因素是其考虑的重点。

7）旅客出行次数。

调查数据表明：旅客每年乘坐火车次数主要集中在0~10次，平均为7.2次，并以4次为最多；旅客每年乘坐汽车次数主要集中在0~20次，平均为14.5次，并以5次为最多；乘坐飞机次数主要集中在0~5次，平均为4.2次，并以2次为最多。

比较旅客每年乘坐火车和汽车的平均次数，发现通道内旅客乘坐汽车的次数显著大于火车（约1倍）。这表明，本地区铁路提供的旅行服务不够，铁路的运输供给不足，运输市场仍需开发。

（3）昆曲运输通道出行特征分析

曲靖是云南省重要经济、人口和工业城市，昆明—曲靖运输通道位于滇黔交通走廊内，是云南省内滇中城市群主要经济带。昆明—曲靖运输通道中有城际列车和高速公路两种运输方式，由于昆明—曲靖运距为137km，运距较短，没有航空运输。运输通道内任何一种运输方式的发展与完善都会对其他方式产生影响。昆明—曲靖于2007年开行城际列车，目前每天开行8对，城际列车开行后，公路客运车辆的运行情况发生了重大变化，客运车辆的数量、实载率都急剧下降，公路运输遭到毁灭性打击。为了更好地满足城际旅客的出行需求，使运输通道内结构配置合理，铁路运输和公路运输两种方式协调发展，就必须对运输通道内旅客出行行为进行研究，掌握旅客出行特征。

1）旅客经济社会属性。

被调查人群中，月收入主要集中在小于1000元、1000~2000元和2000~3000元，占所有旅客比例74%，其他收入水平比例较低。

比较两种运输方式，可以发现，月收入在小于1000元和1000~2000元的旅客选择城际铁路比例较高，而月收入在2000~3000元的旅客选择高速公路比例较高。

整体来看，昆曲运输通道中旅客职业以工人及公司职员和个体劳动者比例最高，达到27%和25%；其次为学生、务工、事业和行政单位人员。

其中，选择城际列车比例最高的是工人及公司职员，选择高速公路比例最高的是个体劳动者。

2）旅客出行特征。

①旅客出行频率。根据调查统计得到两种运输方式旅客年出行次数。每年乘坐城际列车次数低于6次的旅客占比较高，平均出行次数为12.6次；旅客乘坐汽车次数主要集中在1~6次，平均出行次数为12.4次。旅客年出行次数低于12次时选择高速公路比例较大，高于12次时选择城际列车比例较大。

②旅客出行方式。通过询问旅客喜欢的出行方式统计得到旅客出行偏好。所有旅客对出行方式偏爱程度从强到弱依次为火车、汽车、飞机、自驾。偏好火车的旅客比例最高，达到67%。这不仅反映了从旅客自身角度对铁路运输方式的喜爱，同时反映了通道中铁路运输提供的服务高于其他运输方式，从而赢得旅客喜爱。

③出行目的。通道中旅客出行目的以公务出差、探亲访友、回程、上班为主，分别占21%、20%、18.5%、12%，总的比例接近72%。公务旅客出行选择城际铁路占56%，选择汽车占35%。公务旅客出行选择城际列车比例高，非公务旅客出行选择汽车比例高。

通过询问旅客选择出行方式时考虑的最主要因素得知，旅客选择城际列车主要考虑的因素中排在第一位的是速度快，其次是安全和旅途舒适，再次是票价低。旅客选择汽车主要考虑的因素中排在第一位的是随到随走，其次是速度快和直达，再次是购票容易。

旅客对城际列车最不满意因素为时间不合适和进站手续复杂，旅客对汽车最不满意因素为不安全和主城客运站外迁。

（4）长株潭城市群城际客运出行特征

由长沙、株洲和湘潭组成的长株潭城市群是我国重要的城市群之一，长沙、株洲、湘潭三城市呈"品"字布局结构，区内小城镇密度大，城镇建设区连绵不断，该地区是湖南经济发展的"金三角"。从三个城市在湖南和我国经济格局中所处的经济地理区位和空间位置看，该区域不仅是湖南经济的心脏地带，而且也是我国南方较好的城市群之一。

随着长株潭城市群社会经济一体化的发展，各种运输方式在不断发展和完善，城市群区域城市内部（城内）与城市之间（城际）的居民出行增长迅速，导致出行需求不断发生变化。因此，有必要研究城市群区域旅客出行行为特征，并分析、比较城内和城际旅客出行特征，为城市群区域制定未来的交通发展战略和近期客运交通管理策略提供基础分析参数，促进长株潭城市群交通一体化的发展。同时，长株潭城市群城内、城际出行特征的分析，对于国内其他城市群交通发展策略的制定也有一定的借鉴意义。

1）旅客社会经济特征。

①旅客职业分布。旅客职业分布主要反映城际与城内出行者各类职业人员的出行比例构成。本次调查中，将被调查者的职业分为工人、农民、公务员、学生、教育科研人员、管理技术人员、服务业人员、医疗卫生人员、个体劳动者、军警人员、离退休人员、自由职业者和其他，共13类。长株潭城市群城际与城内不同职业的客流构成如图4-5所示。

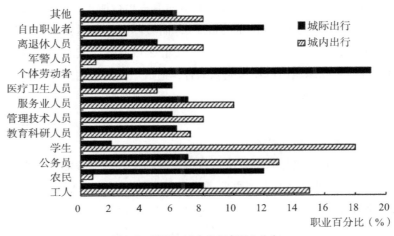

图4-5　城际与城内出行者职业分布
（资料来源：本书编写组自绘）

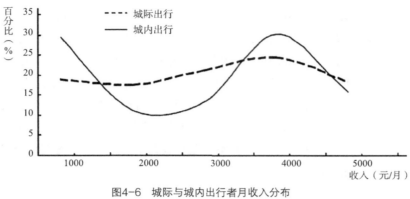

图4-6 城际与城内出行者月收入分布
（资料来源：本书编写组自绘）

在各种职业居民的出行比例中，城内出行以学生所占比例最大，其次为工人和公务员，这三类职业人员出行比例占到46%；城际出行者中，农民、个体劳动者和自由职业者的出行比例较大，出行比例明显高于城内出行。这说明城市群区域城内出行主要以通勤、通学为主，城际出行主要以务工、经商为主。

②旅客收入特征。在考虑样本容量、时空分布、随机误差等因素的基础上进行样本修正，根据拟合结果可得到不同运输方式旅客收入分布的近似曲线，如图4-6所示。

城内出行中，收入4000元/月以下的出行者出行比例变化不大，出行比例较高的是2000~4000元/月的中高收入阶层，其次是收入低于1000元/月的出行者，这部分主要是学生，收入高于4000元/月的出行者比例逐步下降。与城内出行不同，城际出行比例较高的集中在收入1000元/月以下和3500~4500元/月两个阶层，这与城际出行的旅客大多为农民和个体劳动者有关。由统计数据还可以看出，在收入低于4000元/月的区段内，城际出行与城内出行比例差异明显，这说明现阶段城市群区域还存在一定的城乡差别。

2）旅客出行特征。

①出行目的构成。本次调查中将居民的出行目的分为上班、上学、购物、文化娱乐、业务、打工和返程7种。城市群区域城际与城内出行者由于职业的差别造成出行者在出行目的方面存在较大差异。在城内出行中，上班、上学和返程出行所占比例较大，分别为23.3%、13.7%和34.3%，三者总和占到调查总量的71.3%；而城际出行中返程、打工和业务出行比例较大，占到区间调查出行总量的74.3%。这与城市群区域城际与城内出行者不同职业分布密切相关，同时也说明长株潭城市群还未完全融合，造成城际与城内出行在社会经济特性各方面共性较少，个性特征仍比较显著。

②出行方式的选择。影响居民出行选择交通方式的因素很多，其中交通工具本身的特性是影响出行者选择何种方式的主要因素。

对于城内出行者，时间仍是大多数出行者选择交通工具首要考虑的因素，约占31.28%，其次是费用；城际出行选择交通方式首要考虑的是费用，约占出行总数的33.59%，其次是时间，仅次于时间和费用的是安全性因素。从目前调查情况来看，时间和费用仍是城市群区域出行者出行首要考虑的两个因素；其次出行者对安全性的要求也较高，尤其是对于城际出行，由于出行距离较长、速度高，人们对安全性和舒适性的要求要高于城内出行，相对而言，城内出行者对便捷性的要求较高。

出行方式的构成是反映区域交通发展水平的一项重要内容，不同的出行方式构成对区域交通系统的要求有很大差异。城际出行和城内出行由于可供选择的交通方式不同，对城际和城内出行的交通方式构成比例分别统计，如表4-7和表4-8所示。

城际居民出行交通方式构成（%）　　　　　　表4-7

交通方式	长途车	小汽车	火车	合计
结构比例	42.3	48.2	9.5	100

资料来源：本书编写组自绘。

城内居民出行交通方式构成（%）　　　　　　表4-8

交通方式	步行	自行车	小汽车	公交车	合计
结构比例	39.42	16.23	23.02	21.33	100

资料来源：本书编写组自绘。

在居民城际出行中，小汽车出行比例最高，占到48.2%，长途车的出行比例也较高，为42.3%，相对而言，市际之间火车的出行比例较低，仅为9.5%，城际出行中虽然火车费用较低，但由于其发车间隔和换乘等原因，出行不方便，造成城际火车出行比例较低，说明随着城市群区域一体化发展的加快，人们对城际出行的便捷性会有更高要求；在城内出行中，步行出行比例最高，为39.42%，小汽车（包括出租车）和公交车的出行比例分别为23.02%和21.33%，城区中公交出行比例较高，说明市区内公共交通在服务水平和网络布局上对市民有一定的吸引力。

③出行时间分布。居民出行的时间分布反映了城市居民的生活节奏、交通需求在时间上的分布情况以及道路繁忙的频率，是分析、解决高峰小时交通问题的重要参考依据。长株潭城市群区域居民出行时间分布如图4-7所示。

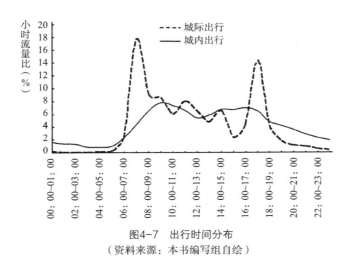

图4-7 出行时间分布
（资料来源：本书编写组自绘）

城内居民出行发生量主要产生在6：00~21：00，出行量的早晚高峰比较明显，且发生的时间相对较为集中，早高峰发生在7：00~8：00，晚高峰发生在17：00~18：00，早高峰的出行量明显大于晚高峰，在9：00~17：00，出行发生量相对较小，且呈缓慢下降趋势；居民城际出行发生量主要产生在5：00~21：00，出行量的早晚高峰分别发生在9：00~10：00和16：00~17：00，与城内出行相比，城际出行两个出行高峰之间时段的出行量变化不大，且峰值不突出。全天中城内出行与城际出行相互转换，早高峰城际出行与城内出行相比具有一定的时滞性，相应地城内出行晚高峰较城际出行有延迟性。

（5）城际交通出行特征

通过以上对京津、京郑、昆曲、长株潭城市群内城际交通出行特征的研究发现，目前我国城市群内城际交通出行存在以下特征：

第一，城际交通出行目的仍以商务为主，未来有朝着以通勤和商务为主的出行目的发展的趋势。

第二，城际轨道交通以其快捷、方便、安全的特点成为以商务为出行目的的出行者最受欢迎的交通出行方式。由于通行费用仍是最主要的影响因素，城际轨道交通的使用者仍是以高收入人群为主。因此，其价格需要进一步降低以适应更加广大出行者的出行需求。

第三，由于运送速度的大幅增加，许多长距离的城际出行可实现当日来回，城际交通出行显现出一定的早晚高峰，这也为以通勤为目的的出行提供了支持和保障。

城际客流的分布需要考虑城市内的居民出行和城市间的旅客运输需求。居民出行的产生源于出行需求，而这种需求是派生需求，是为了完成某种城市活动和取得某项服务而出行并实现其某种出行目的。影响一座城市出行分布的因素有很多，但其主要因素有：a. 城市建成区的规模和用地形态，包括建成区的面积、用地形状、人口密度分布等；b. 城市居民出行产生（包括发生和吸引）的结构；c. 城市的性质，包括城市的类别、人口结构、各区域之间的功能关系等；d. 城市的经济发展水平；e. 城市交通工具的反作用。

旅客运输需求是指人们在社会生产生活中对出行的需求量，是一种派生需求，不取决于运输本身，而是决定于社会生产生活的需要。主要受运输通道吸引范围内的社会经济水平、人口数量等因素影响。

1）宏观经济政策、运输政策。

宏观经济政策、运输政策对客流量的影响主要体现在两个层次：一是市场经济体制的改革，使国民经济增长加快、收入水平提高，人们主观流动性加强；二是相比于计划经济体制下严格的户籍管理和就业制度，市场经济体制下人们的就业与流动更为自由，促使客流量增加。例如，改革开放后鼓励剩余劳动力到发达地区务工的政策，使得内陆大量的农村人口流向东部沿海发达城市，形成中国特有的农民工务工流、返乡流。而在国家宏观的运输政策下，铁路行业成为分担这些数量庞大、运输距离远的客运的主力军。

2）经济发展水平。

经济发展水平包括区域的国内生产总值和居民的平均消费水平。区域的国内经济水平反映了人们的生产生活联系性，发达的经济水平不仅增加了人们的出行频率，同时扩大了经济活动范围，从而促使客运需求的增加。居民的平均消费水平反映了居民对除生产性需求外，对诸如衣、食、住、行等基本需求以及旅游、探亲、娱乐等额外需求的支付能力，居民的平均消费水平越高，出行实现率越高。

3）人口数量及结构。

人口的数量及结构是客运需求的基础，人口数量越大，客运需求越大，而不同的人口结构，客运需求的大小也不同。

4）资源分布情况。

区域教育资源、就业资源、旅游资源、人力资源等的分布情况影响着旅客出行，各资源点分布的不均衡性越大，产生的运量需求越大。

综合以上二者的分布影响因素，城际客流预测分布模型的主要影响因素为生产总值、城市的人口数量、城市的经济发展水平、城市间的距离等。

（b）青岛、烟台、潍坊城际客运出行特征

以山东半岛城市群为研究案例进行调查，是通过各种统计网络调查群内城市的非农人口、地区国内生产总值、人均国内生产总值，以及三产比例、人均可支配收入、城市建成区面积等统计指标及城市出行方式和各种交通方式（铁路、公路、水运、航空等）的客运量。

目前我国城镇群内的城市除了有群内城际出行以外，还和群外的其他城市有出行发生，因此没有任何一个封闭的城市群可供研究，所以选择相对联系紧密的青岛、烟台、潍坊三个城市进行本次调查和建模探索。

1）城市主要统计指标。

城市的主要统计指标，以青岛市为例，如表4-9所示。

青岛市主要统计指标 表4-9

年份	国内生产总值（亿元）	人口（万人）	人均国内生产总值（元）	人均可支配收入（元）	机场客运量（万人）	铁路客运量（万人）	公路客运量（万人）	总客运量（万人）
2004	2270.2	731.1	28540	11939.2	241.9	1496.0	16420.0	18,157.9
2005	2695.8	819.6	33188	12920.0	280.9	552.0	17212.0	18,044.9
2006	3206.6	749.4	38892	15328.0	320.2	810.0	17752.0	18,882.2
2007	3786.5	758.0	45399	17856.0	366.9	1101.0	18800.0	20,267.9
2008	4401.6	761.6	52266	20464.0	377.9	1278.0	19909.0	21564.9
2009	4853.9	762.9	57251	22368.0	440.9	1425.0	19612.0	21477.9
2010	5666.2	763.6	65812	24998.0	505.5	1537.0	20460.0	22502.5
2011	6615.6	766.4	75546	28567.0	537.4	1693.0	21560.0	23790.4
2012	7302.1	769.6	82680	32145.0	586.6	1881.0	22724.0	25191.6

资料来源：本书编写组整理。

三城市的各种统计指标，如表4-10所示。

2004~2012三城市数据汇总 表4-10

年份	城市	国内生产总值（亿元）	人口（万人）	人均国内生产总值（元）	机场客运量（万人）	铁路客运量（万人）	公路客运量（万人）
2012	青岛	7302.1	769.6	82680.0	586.6	1881.0	22724.0
	烟台	5281.4	650.3	75672.0	158.6	442.2	34656.0
	潍坊	4012.4	878.9	43681.0	14.0	1723.0	22981.0

续表

年份	城市	国内生产总值（亿元）	人口（万人）	人均国内生产总值（元）	机场客运量（万人）	铁路客运量（万人）	公路客运量（万人）
2011	青岛	6615.6	766.4	75546.0	537.4	1693.0	21560.0
	烟台	4906.8	651.8	70380.0	134.1	409.2	32753.0
	潍坊	3541.8	877.6	38820.0	14.0	1536.2	22169.0
2010	青岛	5666.2	763.6	65812.0	505.5	1537.0	20460.0
	烟台	4358.5	651.1	62254.0	133.6	374.2	32598.0
	潍坊	3090.9	873.8	34260.0	14.2	1423.5	21500.0
2009	青岛	4853.9	762.9	57251.0	440.9	1425.0	19612.0
	烟台	3701.8	652.0	52683.0	113.2	339.5	30333.0
	潍坊	2707.2	867.9	30338.0	10.7	1356.7	20412.7
2008	青岛	4401.6	761.6	52266.0	377.9	1278.0	19909.0
	烟台	3409.2	651.7	48656.0	91.4	364.0	12143.0
	潍坊	2475.6	862.5	27923.0	2.9	1025.6	15620.0
2007	青岛	3786.5	758.0	45399.0	366.9	1101.0	18800.0
	烟台	2880.0	651.5	41271.0	164.0	339.4	10455.0
	潍坊	2056.0	859.1	23349.0	4.5	1003.4	11837.0
2006	青岛	3206.6	749.4	38892.0	320.2	810.0	17752.0
	烟台	2405.8	650.0	34623.0	73.2	305.4	9142.0
	潍坊	1720.9	855.3	19677.0	5.0	821.6	6924.0
2005	青岛	2695.8	819.6	33188.0	280.9	552.0	17212.0
	烟台	2012.5	693.5	30923.0	59.2	246.8	8759.0
	潍坊	1471.2	871.6	17279.0	3.8	536.5	6499.0
2004	青岛	2270.2	731.1	28540.0	241.9	1496.0	16420.0
	烟台	1631.0	646.8	25061.0	51.2	231.3	8194.0
	潍坊	1199.1	850.7	14120.0	3.5	1324.6	4887.0

资料来源：本书编写组整理。

2）城际交通方式和运量调查。

调查现有的城际交通方式，查询各城市之间的里程和不同交通方式的通行时间，如表4-11所示；查询铁路部门和汽车运输部门的售票情况，高速公路和公路部门的流量与交通出行量（OD）情况，推算得到三个城市之间2012年的数据，如表4-12所示。

三城市现有交通方式和通行时间　　　　　　　　　　　　　　表4-11

交通起点	交通终点	汽车（h）	火车（h）
青岛	烟台	3.5	3.8
青岛	潍坊	1.5	1
烟台	潍坊	3.5	4.5

资料来源：本书编写组自绘。

客运量（万人）	青岛	潍坊	烟台
青岛	—	1275.3	158.45
潍坊	318.7	—	31.4
烟台	75.3	56.5	—

2012年交通出行量（OD）数据　　　　　　表4-12

资料来源：本书编写组自绘。

3）客运量的影响因素分析。

以青岛市为例进行分析，各种运输方式的客运量包含了该城市与所有其他城市的对外出行，因为此处无法区分哪些是群内出行，故假设群内出行量与总出行量的变化趋势相同，分析总客运量的影响因素来找到城际出行的影响因素，后面再通过样本数据进行验证。

据总客运量与表4-9中第2~5列所列数据作散点图，观察其变化趋势（图4-8~图4-11）。从图4-8~图4-11中可以看出国内生产总值、人口、人均国内生产总值和人均可支配收入都与总客运量有很好的相关关系。

4）主要因子分析。

虽然国内生产总值、人口、人均国内生产总值和人均可支配收入都与总客运量有很好的相关关系，但是这四个变量本身是否是独立的，还需要经过主成分分析和因子分析。

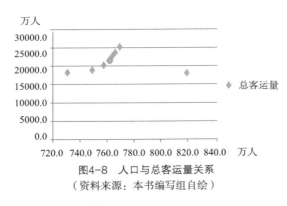

图4-8　人口与总客运量关系
（资料来源：本书编写组自绘）

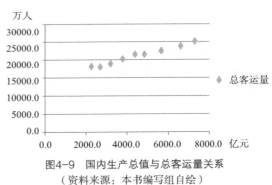

图4-9　国内生产总值与总客运量关系
（资料来源：本书编写组自绘）

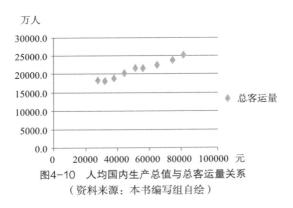

图4-10　人均国内生产总值与总客运量关系
（资料来源：本书编写组自绘）

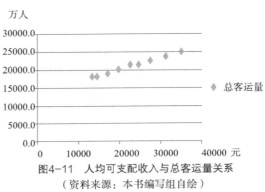

图4-11　人均可支配收入与总客运量关系
（资料来源：本书编写组自绘）

通过主成分分析和因子分析确定影响城际客运量的主要影响因素，主成分分析和因子分析在社会经济统计综合评价中是两个常被使用的统计分析方法。

主成分分析是设法将原来众多具有一定相关性指标（比如P个）指标，重新组合成一组新的互相无关的综合指标来代替原来的指标。通常数学上的处理就是将原来P个指标做线性组合，作为新的综合指标。最经典的做法就是用F_1（选取的第一个线性组合，即第一个综合指标）的方差来表达，即Var（F_1）越大，表示F_1包含的信息越多。因此，在所有的线性组合中选取的F_1应该是方差最大的，故称F_1为第一主成分。如果第一主成分不足以代表原来P个指标的信息，再考虑选取F_2即选第二个线性组合，为了有效地反映原来信息，F_1已有的信息就不需要再出现在F_2中，用数学语言表达就是要求Cov（F_1，F_2）=0，则称F_2为第二主成分，依次类推可以构造出第三、第四……第P个主成分。

主成分分析数学模型如下：

$$F_2=a_{12}ZX_1+a_{22}ZX_2+\cdots+a_{p2}ZX_p$$
$$\cdots\cdots$$
$$F_p=a_{1m}ZX_1+a_{2m}ZX_2+\cdots+a_{pm}ZX_p$$

其中（a_{1i}, a_{2i}, $\cdots$, a_{pi}）（$i=1$, $\cdots$, m）为X的协方差阵$\sum$的特征值所对应的特征向量，ZX_1, ZX_2, $\cdots$, ZX_P是原始变量经过标准化处理的值，因为在实际应用中，往往存在指标的量纲不同，所以在计算之前须先消除量纲的影响，而将原始数据标准化。

$A=(a_{ij})_{P\times m}=(a_1, a_2, \cdots, a_m,)$, $Ra_i=\lambda_i a_i$, R为相关系数矩阵，λ_i、a_i为相应的特征值和单位特征向量，$\lambda_1\geq\lambda_2\geq\cdots\geq\lambda_p\geq 0$。

考虑变量之间可能隐藏的指数关系，对变量都取对数进行主成分分析和因子分析，取对数以后如表4-13所示。

为了分析四个因素的相关性，在SPSS软件中导入数据，首先做相关矩阵进行分析，如表4-14和表4-15所示。

指标取对数值　　　　　　　　　　　　　　表4-13

生产总值对数	人口对数	人均国内生产总值对数	人均可支配收入对数
7.73	6.59	10.26	9.39
7.90	6.71	10.41	9.47
8.07	6.62	10.57	9.64
8.24	6.63	10.72	9.79
8.39	6.64	10.86	9.93
8.49	6.64	10.96	10.02
8.64	6.64	11.09	10.13
8.80	6.64	11.23	10.26
8.90	6.65	11.32	10.38

资料来源：本书编写组自绘。

相关矩阵　　　　　　　　　　　　　　　　表4-14

		生产总值对数	人口对数	人均国内生产总值对数	人均可支配收入对数
相关	生产总值对数	1	0.071	1	−0.994
	人口对数	0.071	1.000	0.067	−0.070
	人均国内生产总值对数	1.000	0.067	1.000	−0.994
	人均可支配收入对数	−0.994	−0.070	−0.994	1.000
Sig.（单侧）	生产总值对数		0.428	0	0
	人口对数	0.428		0.432	0.429
	人均国内生产总值对数	0	0.432		0
	人均可支配收入对数	0	0.429	0	

资料来源：本书编写组自绘。

KMO和Bartlett的检验　　　　　　　　　　表4-15

取样足够多的 Kaiser-Meyer-Olkin度量		0.618
Bartlett 的球形度检验	近似卡方	84.878
	df	6
	Sig.	0

资料来源：本书编写组自绘。

由相关矩阵和KMO、Bartlett可以看出，KMO值为0.618，大于0.6，Bartlett值为84.878，可以进行下一步的因子分析，如表4-16所示。

公因子方差　　　　　　　　　　　　　　表4-16

	初始	提取
国内生产总值对数	1.000	0.998
人口对数	1.000	0.011
人均国内生产总值对数	1.000	0.997
人均可支配收入对数	1.000	0.993

资料来源：本书编写组自绘。

提取方法：主成分分析。

从公因子方差提取值：国内生产总值、人均国内生产总值和人均可支配收入代表了一个主成分，而人口代表了另外一个主成分。

从表4-17所示总方差可以看出，用变量成分1国内生产总值和变量成分2人口代表所有变量，其累计方差就达到99.796%，损失量很小。

从表4-18所示成分矩阵更进一步看出国内生产总值、人均国内生产总值和人均可支配收入代表了一个主成分，而人口代表了另外一个主成分。

解释的总方差　　　　　　　　　　　　表4-17

成分	初始特征值			提取平方和载入		
	合计	方差的%	累积%	合计	方差的%	累积%
1	2.999	74.976	74.976	2.999	74.976	74.976
2	0.993	24.821	99.796			
3	0.008	0.203	100.000			
4	1.983×10^{-5}	0.000	100.000			

资料来源：本书编写组自绘。

成分矩阵a　　　　　　　　　　　　表4-18

项目	成分
	1
国内生产总值对数	0.999
人口对数	0.104
人均国内生产总值对数	0.999
人均可支配收入对数	−0.997

资料来源：本书编写组自绘。

提取方法：主成分分析。

综上所述，影响城市客运量的主要因素为两个，即人口和经济指标，其中P表示人口（万人），M表示人均国内生产总值（元）或者生产总值（亿元）或者人均可支配收入（元），为方便起见，采用人均国内生产总值（元）。

3．交通需求的预测模型

（1）城际出行预测常用模型

客流生成预测的目的是建立各交通小区的客流生成量与分区的社会经济特征、土地利用等变量之间的定量关系，推算出规划年度各交通小区的客流产生量和客流吸引量。常用的预测方法有生成率法、回归分析法、时间序列法和弹性系数法等。

1）生成率法。

生成率法的基本思想是，从OD调查中可得出单位人口（单位用地面积或单位经济指标等）交通产生、吸引量，并假定其是稳定的，则根据规划期限各交通区的人口（用地面积或经济指标等）便可进行交通生成预测。

2）类别生成率法。

类别生成率法是考虑对交通产生或吸引影响较大的某些因素，由这些因素组合成有不同生成率的类别，根据现状调查资料、统计不同类别单位指标的交通产生、吸引量，进而进行交通生成预测。

此法是按时间序列预测交通增长，即用历史的、现状的客运量资料对交通生成与时间的关系预测未来的客运量。时间序列预测是利用反映被测事物过去和现在变化规律的观测数据构造时间序列模型，然后借助模型进行外推以预测未来。常用的时间序列法是指数平滑法、移动平滑法、季节系数法、灰色预测法等。

3）回归分析法。

回归分析法是根据调查资料，建立客运量发生或吸引与主要影响因素之间的回归方程，在对主要影响因素预测的基础上，利用回归方程来进行客流发生或吸引量的预测。常用模型包括线性回归、非线性回归、多元回归和逐步回归等。

4）类别回归分析法。

类别回归分析法是考虑非定量影响因素组成不同的类别，对各种类别分别建立交通生成与定量影响因素之间的回归方程，再利用这些回归方程进行交通生成预测。因此，它既可以考虑定量因素，也可以考虑非定量因素。

5）弹性系数法。

定性、定量相结合的综合分析方法，通过确定交通的增长率与国民经济发展的增长率之间的比例关系——弹性系数，根据国民经济的未来增长状况，预测交通量的增长率，进而预测未来交通量。弹性系数与社会经济的发展层次、地区特点、发展战略等均有一定的关系。因此，弹性系数的确定应综合分析预测地区的历史、现状、发展趋势，通过历史现状资料分析其不同时期的弹性系数，并通过与其他地区的类比分析研究。

该方法的基本公式如下：

$$Q = Q_0 \cdot (1+\varepsilon)^T$$

式中，Q 为交通小区未来预测特征年交通出行量；Q_0 为交通小区基年交通出行量；T 为预测年限；ε 为交通小区交通量（客货运输）增长率（%），其中 $\varepsilon = E \cdot a$，E 为未来运输弹性系数，a 为未来区域社会经济（国内生产总值）增长率（%）。

E 可以通过分析运输弹性系数发展规律和国民经济发展趋势预测得出。运输弹性系数法计算较简单，其关键是确定运输弹性系数和国民经济增长率。

（2）预测方法适用性分析

城际轨道交通作为新生的事物其客流预测的研究目前还较少，而且每种预测方法都有一定的特点及使用范围。城际轨道交通客流预测范围广、预测年限长，下面结合城市群区域客流生成的特点和城际轨道交通的特征，对常用的客流生成预测方法进行适用性分析。

生成率法是最早的交通生成预测方法，只能考虑单一因素对交通生成的影响，如人口或用地面积等对交通生成的影响。但是轨道交通客流预测年限长，由于对远期资料不可能把握很全面，因此，采用类别分析法或函数法等复杂方法进行出行总量预测难度较大，而利用生成率和人口数量来预测出行总量不失为一个简单又可行的方法。

类别生成率法虽然能考虑多个影响因素，但影响因素很多、关系复杂时，由于组合会很多，导致方法运用困难。

时间序列法是考虑事物发展的变化规律，以时间为自变量建立起相关模型的方法，其研究的是事物的发展变化与时间变量之间的相关系数，预测模型分为线性模型和非线性模型两种。线性模型因其对因变量的分析较为简单，故适用于变化趋势不大、发展速度均衡的事物；而非线性模型则适用于变化趋势较为复杂的事物，其发展随时间变量呈曲线变化趋势。

回归分析法是用回归分析的数学方法研究变量与变量之间的依靠关系，从一个变量过去和现在的取值去推断和预测未来可能的取值范围，适用于两个或两个以上的自变量。回归分析法能考虑客运量生成与主要影响因素之间较为复杂的关系，抓住预测对象变化的实质原因，预测结果比较可信，能给出预测结果的置信区间和置信度，使预测更加完整和客观，并且能运用数理统计方法对回归方程进行检验。但是，其需要的数据量也较多，计算工作量大，特别是选定的自变量很多时，这一问题尤为严重。

如果希望在城际轨道交通客流发生量和吸引量的预测中应用多元线性回归分析，考虑到各交通小区的性质和特征差异较大，为了能合理进行客流生成预测，应按照交通小区的分类对每类交通小区分别进行回归分析。

弹性系数法是客流生成预测中最常用的方法之一。该方法是基于项目影响区各年历史数据及各城市远期发展规划的基础上，运用定性和定量相结合的方法获得的，它准确反映了项目所在地区交通与社会经济之间的关系，计算较简便，能从宏观上看出运输与经济发展的关系，并可进行类比分析，容易把握预测的可信度，应用较广泛。

（3）城际客运交通需求因子引力预测模型

以基于最大熵原理产生-吸引双重约束引力模型为基础，考虑城际客运交通需求的影响因子，符合城际交通的理论模型如下所示：

$$T_{ij} = k \frac{f(V_i, V_j, P_i, P_j, \cdots)}{f(R_{ij})}$$

分子采用两个城市的人口和代表经济的指标，定义它们的乘积代表了该城市的需求因子；分母对于城际交通采用时间距离作为阻抗，指数取2[64]；并设幂参数为α和β。

由此，基于需求因子的引力预测模型形式如下：

$$T_{ij} = k \frac{(P_i M_i)^{\alpha} (P_j M_j)^{\beta}}{r^2}$$

式中，P、M同上解释；T_{ij}为城际客运量（万人）；P_i、P_j分别为i、j的人口（万人）；M_i、M_j分别为i、j的人均国内生产总值（元）；k、α、β为待定系数；r为城际的时间距离（h）。

在建立基础预测模型时对很多因素的影响难以准确地进行量化，因此考虑选用外围区域辐射、家用小汽车增长和产业结构化三种因素进行修正。由于这些因素自身比较复杂和缺乏历史数据，修正系数的标记有不确定性，但可以总体把握其趋势。

1）家用小汽车发展影响系数δ_c。

当家用小汽车增长时，客运需求中大客车所占部分减少，由于小汽车载客数远远少于大客车，当交通出行数增长时，总的交通需求增长更加迅速。

家用小汽车拥有量与国内生产总值的关系为：$Y = \partial Z^{\lambda}$。

式中，Y为家用小汽车保有量（率）（辆/千人）；Z为人均国内生产总值［元/（人·年）］；∂、λ均为常数。

假设预测年家用小汽车交通需求量与由大客车向家用小汽车转移的乘客数相等，不考虑家用小汽车时的客运需求与总需求之比为e_1，大客车平均载客人数与家用小汽车平均载客人数之差为e_2，客运需求中大客车比例为e_3，则δ_c可表达为：

$$\delta_c = 1 + e_1 e_2 e_3 Y$$

2）产业结构变化影响系数δ_p。

进行基础交通量预测时，假设三次产业结构固定不变，这与我国产业结构不断调整的国情存在较大出入，影响系数δ_p可由下式计算：

$$\delta_p = \frac{p_1 g_1' + p_2 g_2' + p_3 g_3'}{p_1 g_1 + p_2 g_2 + p_3 g_3}$$

式中，δ_p为产业结构修正系数；g_1、g_2、g_3分别为现状三次产业劳动力所占比重；g_1'、g_2'、g_3'分别为预测年三次产业劳动力所占比重，其值可以通过对劳动生产率进行比较得出，也就是由该产业国内生产总值的相对比重与劳动力的相对比重的比值获得。

3）外围区域辐射影响系数δ_w。

研究区域的交通需求必然受到外围区域地理、经济、交通、环境等因素的制约，特别是交通方便、经济发达、环境优美的外围地区，如旅游城市、大经济城市的辐射及交通诱增作用将更加明显，但是目前对大多数因素的研究难以量化，一般根据交通、经济、环境三方面因素来确定影响系数。

确定影响系数后，便可以得到修正后的交通需求预测模型。

4. 参数标定与误差分析

（1）城际交通需求引力模型参数标定的方法

1）最小二乘法。

在对无约束重力模型进行标定时，多采用最小二乘法和线性回归法来标定$q_{ij}=kO_i^\alpha D_j^\beta f(C_{ij})$中的参数，其中取$f(C_{ij})=C_{ij}^{-\gamma}$，两边取自然对数得$\ln q_{ij}=\ln k+\alpha\ln O_i+\beta\ln D_j-\gamma C_{ij}$，其中$q_{ij}$、$O_i$、$D_i$、$C_{ij}$可从现状调查中取若干个交通小区作为样本，待标定的参数有$\ln k$、γ、α和β，因此应该使用多元线性回归方法。该模型的系数无法保证$\sum_j q_{ij}=O_i$和$\sum_i q_{ij}=D_j$，即对系数k的大小没有约束要求，这可能导致出行分布预测的结果与预先做出生成量预测值明显不符。

2）试算法。

试算法就是根据以往的经验，在某一个范围内赋给待标定的参数一个值，然后通过计算过程验证这些数值是否满足要求，如果满足，这些数值便可以作为标定结果；如果不满足，改变数值后重新进行验证。实际计算时，可以从假定的某一个数值开始（如1.0或0.1），设定步长（如0.1、0.5或者0.01）来逐个计算，直到某一个数值结束；从这些数值中选取误差最小的参数值，作为标定结果。

试算法的效率取决于两方面因素：一方面要依赖于经验，这样最初可以给出合理的参数取值范围和参数初值，节省计算时间；另一方面，目前多使用计算机完成模型的标定和检验，借助于计算机的特点可以多验证一些数据，可以提高计算的精确度和准确性，得出满意的标定结果。因为试算法比较简单、易于操作，在单约束重力模型、双约束重力模型的标定中得到广泛应用。单约束重力模型中需要标定的参数很少，双约束重力模型中需要标定的参数有规律，像这样的模型适合采用试算法。

（2）城际交通需求引力模型的标定和误差分析

引力模型在使用前必须进行标定，这是为了使引力模型中的参数能有合适的取值，使出行分布预测的结果更加接近实际情况。

因为M值可以选择3个参数中的任意一个，本次将对3个参数都进行标定，选择精度最高的参数作为该样本的参数。

当M为人均国内生产总值时，根据2012年青岛、烟台、潍坊之间的交通量数据，以表4-19和表4-20所示数据进行参数标定。

首先对式 $T_{ij}=k\dfrac{(P_iM_i)^\alpha(P_jM_j)^\beta}{r^2}$ 两侧取对数；

$$\ln T_{ij}=\ln k+\alpha\ln P_iM_i+\beta\ln P_jM_j-2\ln r$$

带入已知数据，可以得到三个方程组：

$$5.76=\ln k+15.9\alpha+16.9\beta-0.44$$
$$4.03=\ln k+16.4\alpha+15.9\beta-2.78$$
$$5.06=\ln k+16.9\alpha+16.4\beta-2.58$$

解此方程组，得到标定参数值：

$$k=3.79E-0.9$$
$$\alpha=1.513$$
$$\beta=0.085$$

根据已有的剩余样本进行误差计算，并使用显著性水平为0.5时的t检验法进行检验，如表4-19所示。

M取人均国内生产总值时的误差　　　　表4-19

城市1	城市2	调查估算	模型计算	百分比误差（%）	平均百分比误差（%）	t检验
青岛	潍坊	1275.3	1300.5	2.0		
潍坊	烟台	31.4	29.7	5.3	3.1	拒绝域t≥2.571 t=0.0312<2.571 通过检验
烟台	青岛	75.3	73.8	2.0		

资料来源：本书编写组自绘。

同理，对M取其他两个参数时进行标定和误差计算，如表4-20所示。

M取其他参数时的误差　　　　表4-20

M取值	城市1	城市2	调查估算	模型计算	百分比误差（%）	平均百分比误差（%）	t检验
M取生产总值时	青岛	潍坊	1275.3	1451.375	13.8		
	潍坊	烟台	31.4	42.69711	36.0	29.5	拒绝域t≥2.571 t=0.0531<2.571 通过检验
	烟台	青岛	75.3	46.04098	38.9		
M取人均可支配收入时	青岛	潍坊	1275.3	1433.279	12.4		
	潍坊	烟台	31.4	46.64662	48.6	34.8	拒绝域t≥2.571 t=0.0642<2.571 通过检验
	烟台	青岛	75.3	42.67482	43.3		

资料来源：本书编写组自绘。

从表4-19和表4-20所示的误差表中可以看出，在样本城市群中虽然3个参数都通过了t检验，当M取人均国内生产总值时平均百分比误差符合统计学的要求，可以用于预测，优于另外两个参数的误差值，在样本城市群中M取人均国内生产总值参数作为经济指标。

5. 需求预测结论

针对城市群城际客流需求预测的传统"四阶段法"在城市群中存在调查范围太广、数据获取难的事实，提出一种新的思路：省略第一阶段交通的产生与吸引预测，而直接利用城市的简单统计指标预测城市群中城市之间的客流分布量。这一思路成立的前提是构建一个能够预测城际客流分布量的模型。适用于这种思路的模型是空间相互作用模型，选择威尔逊的基于最大熵的引力模型家族中的旅行工作模型（journey-to-work model）作为描述城市之间交换量的模型。本书在此预测模型上进行了一系列的研究工作，取得成果如下：

①选择了典型城市群资料进行分析，得到城际出行的特征和各种影响因素。根据设想，选择典型城市群进行调查，调查群内城市的交通系统和其他系统的各种统计指标以及城市分不同交通方式（铁路、公路、水运、航空等）的客运出发量和到达量。

②对各种因素进行关系分析，建立交通客流需求系统的因果关系图，揭示城市群内城际客流需求的内在规律和主要关系通道。采用主成分分析法和因子分析法分析城市客运量的主要影响因子，分析城市的城际出发量和到达量与主要影响因子之间的关系，构建基于需求因子的城际客流需求预测模型，并提出修正系数。

③分析城际出行的特点，确定模型中距离衰减函数的表达形式和表达式；利用样本数据对模型进行标定，得到模型的表达式；选择剩余样本验证模型可行性。

研究存在的不足与展望如下：

①我国现阶段，由于在城市群范围内获取不到"四阶段法"所要求的基础数据，导致"四阶段法"应用存在问题。本次直接预测模型的研究，在模型标定时需要较少数据，其调查也存在困难。因此，目前阻碍城际交通预测发展的最大问题是没有形成良好的出行调查制度，建立长期的规律的交通调查机制迫在眉睫，同时各种调查新技术的探索也有利于城市群交通规划模型的发展，需要职能部门和研究人员的长期不懈努力。

②本次模型的构建是城市群城际需求预测直接建模法的积极探索，表明引力模型在进行城际客流需求预测方面仍然具有一定的适应性，但需要样本数据标定后才能使用，本次仅在山东半岛的样本城市群中进行了验证，模型还需要更多的样本进行更进一步的验证。

③该模型是基于城市总体指标构建的，只适用于预测城际两端城市的总出行量，并不适用于单一出行模式预测。后续研究将采集更多城市群的样本数据，增大样本量以验证模型的可靠性，并分析模型误差影响因素和模型的适应性。同时，也需要开拓研究城际路线中间点的客流需求预测方法。

（三）城际出行行为研究

同城化是一种相邻城市协同合作共谋发展的新策略，是随着区域一体化的深入发展而产生的一种新的发展理念[66]。从2005年深圳首次提出"深港同城"概念后，国内又有沈阳与抚顺、合肥与淮南、长春与吉林、长沙及株洲与湘潭、济南与聊城等城市相继提出了同城化发展策略[67]。放眼国际，美国拥有双子城明尼阿波利斯与圣保罗、旧金山与奥克兰及伯克利；而在德国，柏林与勃兰登堡州、孟哈姆与奈克等则成为同城化发展的典型代表[68]。

在这种发展趋势下，国内一些学者研究了区域一体化或者同城化的特征和趋势[69-71]，也有学者以实证分析和经验总结为主要方法开展了同城化的内涵、发展条件和动力机制等一系列相关研究工作[72-75]，这其中多以广佛和沈抚为研究对象。除了受到区域经济一体化影响，我国同城化的形成与发展还与城市群城际（轨道）交通网络的建立和完善有着密切的关系。城际轨道交通对城市群的发展、城市土地利用、经济发展起到巨大的促进作用，也是目前发达城市群内的主要城际出行方式。城际出行是城市间联系和沟通的重要体现，是检验和分析城市功能的依据。因此，对城际出行者和出行行为的研究是进行区域和城市交通规划决策的重要依据，目前涉及这方面的研究有以下方面。

国外城际出行研究方面偏重于长距离出行，Vaddepalli调查了美国不同空间尺度的通勤模式，并分析了764例长距离通勤者的社会属性特征[76]。Joyce M. Dargay在1995~2006年英国国内出行调查的基础上，分析了收入、年龄等九个因素对长距离出行的影响，研究发现对长距离出行影响最大的因素是收入，而且收入对长距离交通方式的选择有重要影响[77]，这与彭辉在调查京郑客运通道旅客出行的结论相同[78]。

香港规划署发布的《北往南来》系列调查报告，研究了1999~2011年旅客进出香港的出行构成状况[79]，发现12年间进出港数量增长了90.1%，入港者来自深圳的比例为77%，深刻反映了深港同城进程的变化；侯雪等分别对京津城际轨道出行和长株潭城际客运出行进行了研究，前者总结了其研究对象的城际出行特性及城际轨道交通开通对乘客出行意愿和空间认知的改变程度[80]，后者比较了城际出行与市内出行的异同点[81]；解利剑等研究了以广州为中心的一体化区域内城际通勤出行的特征[82]。赵渺希等针对广佛地铁城际出行者进行了研究，总结了广佛地铁对两地居民的空间交互活动的影响和作用[83、84]。

1. 广佛出行行为

随着一批城际轨道交通线路的开通运营，各地的同城效应也逐渐凸显出来。以广佛地铁为例，日均运送量达到11.84万人次，最高运送量达到22.4万人次，显示了对传统城际公路客运方式极大的"袭夺作用"。本部分选取广佛城际出行者为研究对象，研究其城际出行行为；探索城际轨道交通与城际出行点的空间分布关系，及其发展对城际出行行为的影响。

（1）调查准备与数据获取

1）调查方式与内容。

广州、佛山两城市间有高速公路、省道S121、广佛新干线等公路相连接，有地铁、客运巴士、私家车、出租车等多种可供选择的出行方式。目前广佛之间的客运巴士线路有64条，分别对应两个城市的十余座巴士始发和终到站点；广佛地铁全线21座车站，广州市内轨道站点94座。在有限的人力、物力资源条件下，到每个车站进行实地问卷调查变得极其不现实。为了既满足样本的典型性要求，又能够保证调查的经济可行性，本书采用委托网络平台向广佛两地网络用户定向投放问卷的方式完成。正式的网络调查开始于2013年6月10日，结束于2013年8月20日。

问卷的内容包括出行者的出行方式、目的、频次、费用等出行行为特征，及其职业、收入、年龄等社会属性；为了了解出行者起终点的空间分布特性，问卷内容中要求出行者提供起始点和终到点的地理位置。考虑到受访者的心理耐受性因素，设计中等知识水平的受访者回答全部问卷内容需要200s左右时间。其中，广佛城际出行方式比较如表4-21所示。

广佛城际出行方式比较 表4-21

出行方式	起点	终点	班次（班）	时耗（含换乘）（min）	费用（元）	日客运量（万人次）
地铁	广州境内站点	佛山境内站点	200~205	30~45	约12	约11.8
客运巴士	广州汽车站	南海区和顺、官窑、大沥、丹灶桂园、千灯湖汽车站	1500~1800	约70	约16	约4
	罗冲围、窖口	高明客运				
	芳村客运站	佛山市汽车客运站				
	流花车站	顺德客运总站				
	坑口公交场					
私家车	不唯一	不唯一		约60	约21	约2.1
出租车	不唯一	不唯一		约60	约57	约0.2

资料来源：本书编写组自绘。

2）样本容量的确定。

在正式调查之前，先通过300份预调查获取两地的城际出行方式比例，以及各区的出行点分布密度，分析计算得出出行点分布密度标准差为4.8。因此，利用以下公式进行样本容量确定：

$$n = \frac{z^2 \sigma^2}{e^2}$$

式中，n为样本数；z为不同的置信水平对应的值，本研究中取置信水平为95%，其对应的z值为1.96；σ为总体标准差，根据以上分析确定为4.8；e为可接受的抽样误差，本研究的抽样误差定为15%。

计算可得n=3933，取n=4000，即需要4000个样本量才能保证调查的误差满足要求。

3）数据获取与准备。

通过调查网络平台回收了4710份问卷，其中有效问卷数4010份，总有效率85.1%，满足设定要求。

对回收的问卷建立GIS空间信息数据库，每个出行者的出行属性信息与其出行起终点空间信息在GIS数据库中挂接，为后续的出行特性与社会属性信息进行交叉分析做好准备。

（2）城际出行特性及行为分析

1）出行方式。

①出行方式总体特征。现有的出行方式主要包括地铁、客运巴士、私家车和出租车四种，各种交通方式的运量及费用、时耗等信息如表4-21所示。数据分析发现地铁是分担率最大的出行方式，占到了50.2%；其次为客运巴士，约占26.9%；私家车出行也占一定的比例，约为19.8%；其余为出租车。在地铁出行中，到达出发地铁站之前和目的地铁站之后，选择普通公交和步行进行换乘的比例为78%。调查发现居民选择地铁作为最主要出行方式的原因是其费用低、速度快，而居住地距离地铁站较近也是其选择地铁出行的另一个原因；选择私家车和出租车出行是因为出行方便，不受约束；而选择客运巴士的出行者有非常强烈的换乘地铁的需求。

由于广佛地铁全线开通于2012年，因此本部分追踪调查了出行者在开通前的出行方式

（客运巴士70.8%，私家车24.7%）。调查发现地铁从客运巴士"掠夺"了大量客流，目前的地铁客流中有85%来自客运巴士，11%来自私家车。这直接导致了部分客运巴士班线运量急剧萎缩，甚至停运，但是与地铁线路有换乘站点的巴士线路却有明显的客流量上升，促使有关部门对一些运营线路进行了调整。从出行者角度来说，转向地铁出行是因为其发车频次高、速度快、价格低、安全性高。整体相比较而言，广佛地铁开通后城际公共交通出行方式比例提高了6.3%。

②出行方式与出行者社会属性交叉分析。首先从收入方面分析，客运大巴的分担比例随着年收入的递增而明显降低，而私家车的分担比例却随着收入的增长而增长，而地铁的分担率与年收入呈现一定的负相关，但关系不明显，说明地铁分担率对年收入因素影响不敏感，适用人群较广。

从年龄方面分析，对于地铁出行方式，25岁以下青少年和56~65岁中老年人分担率较高，其他年龄段相对较低；而对于私家车分担率则正好与地铁分担率呈现互补状态，26~55岁中青年比例较高，其他年龄段较低；客运巴士的最主要选择年龄阶层为18~35岁的中青年阶层和老年阶层，说明中青年阶层对出行自由度要求更高。

从职业方面来看，学生、离退休人员和公务员选择地铁出行的比例较高，而企业管理人员、教师和自由职业者选择自驾车比例较高，农民和待业者选择客运巴士的比例较高，这与各自的职业特点有着密不可分的关系。从学历与文化层次来看，学历越高选择私人交通方式的比例则越高。从性别方面来看，女性比男性更加偏爱选择地铁出行。

2）出行目的。

①出行目的概述。在同城化发展趋势下，广州居民将佛山作为短途休闲旅游的新去向，而佛山居民开始将广州作为就业地点，享受省会城市优质的商业和文化资源。目前的广佛城际出行以休闲旅游为主（48%），上班（28%）及商务（10%）出行也占有较高的比例。两地休闲性出行的可能性高于居住就业出行，这与赵渺希等的研究结论相吻合[83]。但是由于广佛两地的差异性，两地空间交互并不均衡。

②出行目的与出行者社会属性交叉分析。从收入阶层分析，收入越高的阶层（如企业管理人员和专业技术人员）其上班和商务出行比例就越高，而低收入群体（如学生）休闲旅游的出行比例较高，从一定的时间价值上来说，收入越高其空闲时间就越少，进行休闲旅游的机会就越少。

从职业角度来看，学生、公务员、离退休人员等空闲时间较多的群体休闲旅游的比例最高，专业技术人员的上班和商务出行比例最高。从学历及文化水平角度来看，学历越高，休闲旅游出行的比例就越低。从性别角度来看，女性的休闲旅游出行高出男性15%，而男性的上班及商务出行高出女性16%。

3）出行频次。

广佛出行频次主要与出行目的有关，以上班为目的的城际人均出行强度为0.28次/日，以公务出差为目的的人均出行强度为0.107次/日，旅游休闲目的出行虽然覆盖较广但出行强度不高，约为0.013次/日。随着同城化的进一步增强，出现了"住在广州，在佛山上班"和"住在佛山，在广州上班"的"职住分离"的居住模式，这些居民每天往返一次和每周往返1或2次的比例较高，通过调查得知这部分出行者大部分选择地铁方式进行通勤出行，对出行的花费不敏感，但是其对家庭住址到地铁站的距离和通行时间比较敏感，因此在大部分的"职住分离"出行者选择在地铁沿线居住或者置业。对此有研究指出，地铁站与市内公交的衔接便利程度对出行强度有一定的影响[80]。

本研究认为城际出行的交通成本与时间成本也是影响出行频次的重要因素。以通勤出行人群为例，通过比较发现单位报销通勤费用的人均出行强度为0.288次/日，而费用自理的人均出行强度为0.254次/日。另外，每天一次出行的出行者的单程出行费用均值为12.55元，时耗均值为41.5min；而每周一次出行的单程出行费用均值为15.64元，时耗为45min；即经济成本和时间成本在一定程度上影响了出行的强度。

在年收入影响方面，仍以通勤出行为例，发现年收入在10万元以下的人均出行强度为0.245次/日，而年收入在10万元以上的群体人均通勤出行强度为0.45次/日。这说明年收入越高，其城际出行强度越高。在年龄方面进行分析发现，年龄低于35岁的群体的通勤出行强度为0.448次/日，而高于35岁群体的通勤出行强度则低至0.02次/日，说明目前的广佛城际通勤出行的主体为中青年出行者。

4）出行费用与时耗。

从统计意义上来分析，出行方式决定着出行费用与时耗。地铁的平均出行费用最低（12.64元），出租车最高（57元）。广佛城际出行全部方式单程出行费用均值为16.56元，约占2012年广州市居民日均可支配收入的15.9%，说明目前城际出行的经济成本还相对较高。各种出行方式的出行时耗差距不大，平均约为45min，与广州市内通勤平均时耗大体相等[82]。

（3）城际出行的空间分布特性

1）出行模式的空间分布。

为了更加形象地描述两地居民的城际出行状态，本研究从出行者居住地视角，以出行目的和出行频次为衡量标准，将城际出行状态划分为四种模式，如图4-12所示。虽然这四种模式不能代表所有的广佛城际出行模式，但是却可以反映城际出行的主要类别。对于非主要模式，在本书中不做探讨。

模式A，居住在佛山，到广州上班。这种模式下城际出行的主要目的为上班/回家，出行频率较高。选择这种出行模式的居民大多为青年群体，所从事的职业多为企业管理和专业技术类，多由广州迁入佛山。这类群体社会关系较单一，无太多的家庭负担，但是受到广州高房价的影响，更愿意在佛山居住或者置业，以城际"职住分离"的模式生活。在调查中这一模式的样本量为531个。

模式B，居住在佛山，偶尔去广州。这种模式下的出行目的为探亲、购物、休闲和公务出差，出行强度相对较低。出行者在佛山居住和工作，主要的活动空间在佛山市内，但是为了满足更高质量的生活需求，在周末或者节假日需要去广州进行购物、休闲娱乐等活动。在调查中这一模式的样本量为633个。

模式C，居住在广州，到佛山上班。这种模式与A类似，出行者多为青年群体，出行目的为上班/回程，出行强度较高。所不同的是这类模式的出行者为了追求更好的就业环境，而不是由佛山迁至广州。这类模式的样本量为473个。

模式D，居住在广州，偶尔到佛山。与B模式类似，出行参与度较高，但属于低强度出行，但是覆盖的年龄和职业跨度较大。在调查中这类模式有1356个样本。

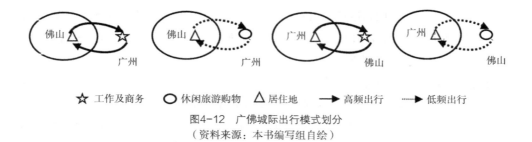

☆ 工作及商务　○ 休闲旅游购物　△ 居住地　➔ 高频出行　┈➤ 低频出行

图4-12　广佛城际出行模式划分

（资料来源：本书编写组自绘）

对比A、C，两种模式均为"职住分离"型，比较其数量发现，A模式占样本总量的比例高出C模式1.4%，说明佛山的居住条件（如房价）方面要比广州更有优势，随着交通条件的进一步改善，两地通勤的经济成本和时间成本进一步降低，大多数出行者表示愿意继续保持"职住分离"的生活模式，只有约15%的出行者由于换工作、结婚等原因不再继续保持出行。

对于B、D两模式，其样本量最大，说明两地的服务产业进一步崛起，吸引了更多周边居民进行休闲旅游出行，但是两种模式的样本量差异较大也体现了两地同城化空间交互的非均衡性[84]。

2）出行起点的空间分布特性。

为了研究城际出行的空间分布特征，利用出行者起点的经纬度坐标建立了GIS空间信息数据库，并对其出行信息进行了空间挂接，分析了不同出行方式的出行点的空间分布及集聚特征。

在出行方式方面，由于地铁出行的分担比例最高，尤其是以上班为目的的高频次出行者，其出行起点大都位于地铁沿线2000m范围之内。通过缓冲带分析发现，以地铁线路为中心、2000m为半径的缓冲带所覆盖的出行点占样本总量的81.2%，说明目前的城际出行起点形成了以地铁线路为中心的出行集聚带。

就出行点的空间分布特征而言，目前主要的城际出行起点集中在广州市，约占65%，其中地铁覆盖区域占50%。佛山市的城际出行起点主要集中在南海区和禅城区，约占30%。说明目前的城际出行点主要分布在广佛两地的主城区，分布密度最高。主城区之外的其他地区，花都、三水、高明、顺德等区域的城区也出现了一定程度的集聚现象，这些区域一般以客运巴士和私家车作为城际出行的方式，其出行目的多为休闲旅游，但是三水区和高明区以公务、工作目的的出行比例较高。

总体来说，其形成了以地铁网络覆盖区为主、以周边县市城区为辅的城际出行集聚区。

（4）结论

通过本次调查研究发现，广州和佛山两城市在同城化效应下的城际出行模式与市内出行模式已有较大不同，体现了一种新的城际互动交流模式，具体表现在以下几个方面。

第一，广佛同城化，尤其是广佛地铁的开通，消除了类似"异地、跨城"的居民出行心理和空间阻抗，使城际出行更加快捷高效。同时，产生了一批以中青年阶层（18~35岁）为主的城际出行群体，这个群体主要从事企业管理或者专业技术方面的工作，具有中等以上收入水平（年收入大于7万元）。这个群体主要的出行起点位于地铁站点有效覆盖区域以内，以地铁作为最主要的出行方式进行以通勤和休闲旅游为主要目的的城际出行。

第二，目前的广佛城际公共交通出行方式呈现多样化，各种出行方式之间存在一定的竞争和互惠关系，但是地铁的高速、低价、可靠性高等特点使其"袭夺"了大量传统客运巴士的客流，预计随着佛山地铁网络规模的进一步扩大，乘坐地铁进行城际出行的比例将会越来越高。横向比较京津城际出行，广佛城际出行的费用和时耗比较合理，处于大多数出行者能够接受的水平，因此出行的强度要高于京津城际出行。

第三，广佛城际出行的模式也呈现多样化态势，"职住分离"的群体已经达到一定的规模，是城际出行的潜在主要力量。虽然两地的短时间、低频次、非公务出行占有最大的分布广度，通勤和公务出行的总量要高于其他出行数量。

第四，从出行者的出行起点空间集聚特点来看，目前的出行起点集聚在有地铁网络覆盖的广州和佛山的主城区，但是其他未通地铁区县也具有一定的城际出行集聚态势，且这些出行者具有向地铁出行转换的强烈意图。因此，未来的地铁网络建设应当充分考虑同城化效应引起的城际出行的需求。

本书对广佛城际出行行为和出行点的空间分布做了以上研究，试图从人出行与空间分布的角度描述城际出行的现状，总结出行规律。但是对于城市群或者同城化城市这种复杂巨系统来说，这个视角略显薄弱，希望能在后续研究中继续完善。

2．长株潭出行行为

长株潭城市群位于湖南省中东部，包括长沙、株洲、湘潭三市，是湖南省经济发展的核心增长极。长沙、株洲、湘潭三市沿湘江呈"品"字形分布，两两相距不足20km，结构紧凑。湖南省于2005年10月正式公布长株潭城市群区域规划，从城市群发展的途径提出了对长株潭经济一体化的新的具体规划。该规划所界定的长株潭城市群分为两个层次，第一层次为三市市域共2.8万km²；第二层次为规划的目标区域，即长株潭城市群的核心区域，包括长沙市2893km²，湘潭市870km²，以及株洲市740km²。城市群核心地区呈现"一主两副环绿心"的空间结构：以长沙为主核心，株洲、湘潭为两个次核心，三市结合部金三角地区为"绿心"。其包括3个主中心组团、4个次中心组团以及15个片区组团和29个小城镇组团。城镇分布以京广铁路、京广高铁、京港澳高速公路、国道107及湘江生态经济带为主轴，以国道319、国道320和上瑞高速公路为次轴，以湘乡—韶山公路和国道106为辅轴，形成以长沙、株洲、湘潭为核心和中心结点的放射状城镇布局。规划包括交通、能源、环保等12大门类119个重大项目，还创新提出对生态环境保护空间、产业集群载体空间、基础设施导向空间和城市开发建设空间"四大空间"的协调。

本研究采用与前面广佛调查一样的方法，委托网络平台向网络用户定向投放问卷。正式的网络调查开始于2014年7月10日，结束于2014年8月20日。问卷的内容与设计类比于广佛调查，最终两地的调查皆获取了300余份有效问卷。

调查发现18~35岁的年轻出行者占据了87.5%以上的比重；以10万元以内的中等收入者为主，其中5万元以下收入者占到50%以上；发现长株间的出行目的仍以休闲探亲出行为主，比例高达58.69%，业务出差出行也有较高的比例（达到21.9%）；长株潭间的休闲出行强度并不高，强度高于每月一次的比例仅为23%；在长株潭城际铁路开通的情况下，仍有较高比例的出行者选用客运巴士或者普通火车或者自驾方式出行，说明长株潭客运专线的吸引强度尚待加强。

3．长吉出行行为

长春、吉林两市相距不到90km，两市人口总量占全省总人口的45%，GDP占全省总量的60%以上，地方财政收入占全省财政收入的40%以上。长吉两市交通路网基础好，长吉高速公路扩容即将启动，城际之间铁路已竣工通车，长吉南线、北线基本形成二级以上高等级公路。2010年7月2日，长吉两市签署了《推进一体化发展合作框架协议》。这个协议确定了长吉一体化要遵循体制创新、优势互补、务实合作、积极推动、重点突破、整体推进的基本原则，提出了统筹规划交通、能源、水利设施、信息化的具体事项，明确了重大产业、基础设施、生态环保、市场机制等一体化合作内容，并建立了两市工作层面的协调推动机制。

与长株潭稍有差别，长吉出行年龄分布的广度增加，35~45岁年龄段的出行者比例要高于长株潭地区；长吉区域的城际出行者收入水平显著高于长株潭地区；长吉地区的受教育程度比长株潭洙地区略高一些；长吉地区的公务出差比重显著高于长株潭地区，可见两地的经济往来程度比长株潭地区更加密切；由于长吉间高铁和动车的班次要显著高于长株潭地区，两地的往来方式中高铁和动车占了较高比重。此外，长吉地区市民到达高铁站的方便程度也要高于长株潭地区，因此市民更加倾向于选择这种出行方式。

4．三个城市群的城际出行特性差异总结

调查对象属性，三个城市群相差不大，主要以18~45岁的中青年为主。广佛地区收入要高于长株潭地区和长吉地区，长吉地区又高于长株潭地区。职业以专业技术人员、企业管理人员为主，行业多来自制造业、IT行业。

从城市群的成熟程度和核心城市的集聚力来考虑，广佛地区的城市群发育最为成熟，广佛之间相互的异地居住、"职住分离"现象明显。这说明两地的经济文化水平差距最小。在长株潭地区这种现象则最不明显，仅有8%的居民是两地"职住分离"状态，这说明两城市间的经济文化差异较大，与两地的交通方便程度也有关系。长春-吉林的异地通勤状态则处在三者中间，异地通勤比例达到32%，说明两地的发育成熟程度较高。

从三个城市群的城际通行方式来说，广佛之间具有方便而且价格低廉的地铁，因此出行费用最低，跨城出行频次最高。长株潭地区的城际出行方式最落后而且价格最高，因此出行频次最低，从另一个方面反映了城际交通方式对城际出行甚至拉动经济交流和增长的重要性。

（四）潍坊城际换乘网络规划

1．资料收集与现状调研

（1）潍坊区位位置

潍坊市地处山东半岛中部，位于内陆和沿海的交界地带，全省东西经济、信息轴的中段，是山东半岛城市群这一经济核心区的地理中心。其西邻东营、淄博，南与临沂、日照相接，北邻渤海莱州湾，东部与青岛、烟台为伴；与青岛、济南两大中心城市和东营、淄博、日照、威海、烟台等城市的时距都在2h左右。

潍坊市不仅是联系山东东西经济的中间站、沟通半岛与内陆的连接带，同时也是环渤海和环黄海经济带陆上联系的最佳通道，是得天独厚的"旱码头"。其东部通过青岛、烟台、

威海等到达渤海、黄海，与日本、韩国、朝鲜三国隔海相望，为发展对日、韩经济以及东北亚地区经贸合作提供了得天独厚的便利条件。其南、北向通过高速公路、铁路建设构建新的连接通道，融入"京津冀"、牵手"长三角"。依托临沂、日照，加强潍坊同江苏、上海、浙江等发达地区的联系，方便人流、物流、技术流、资金流、信息流等城市要素的交流和产业的转移。其北部通过莱州湾连接渤海，与北京、天津、大连等城市紧密相连，有利于发展同发达的京津唐、辽中南地区之间的交流与合作。

（2）高速公路系统

市域范围内，多条东西方向高速公路横穿。

荣乌高速公路：位于城区以北30km处，滨海经济开发区南侧，现状向西至长深高速公路，向东至烟台、威海，为半岛北部东西方向高速交通走廊。

济青高速（青银高速）公路：为青岛—银川国家高速公路的山东段，由潍坊城区北侧穿过，为省内最为重要的东西方向高速公路。目前随着流量的不断增加，道路负荷不断加强，潍坊以西段已经显现拥堵迹象。

潍莱高速公路：潍坊—莱阳高速公路，西端与济青高速公路相互通，并延伸至潍坊城区东南部地区。该路将去往烟台、威海方向的车流从济青高速公路上分流出来，因此，潍莱高速公路接入点以东的济青高速公路段通行正常，尚未出现拥堵现象。

济青南线高速（青兰高速）公路：为青岛—兰州国家高速公路的山东段，位于潍坊城区以南70km处，对缓解现有济青高速公路交通压力能力有限。

目前，潍坊市域范围内南北方向在建和待建高速公路主要包括以下两条：

东青高速公路：东营—青州高速公路，国家长春—深圳高速公路山东段，目前向南通至青州。该高速公路距离潍坊市区约60km，因此很难直接为潍坊中心城区提供南北方向对外出行服务。

潍日高速公路：为山东省规划省内高速公路连接线，由荣乌高速公路接出向南，由昌乐县及潍坊中心城区之间穿过，向南经过安丘、诸城后，于日照北侧接入国家沈阳—海口高速公路。

整体而言，相对于东西方向高速公路而言，潍坊缺乏南北方向高速公路，中心城区偏离国家长深高速公路及沈海高速公路两大走廊。潍日高速公路的开建将部分缓解中心城区南北方向对外出行需求。

（3）公路干线系统

市域范围内，已经建立起以潍坊市中心城区为核心，放射联系所有县市及重要开发区的公路干线系统，从道路等级上而言，除国道206和国道309外，大部分道路以省道为主，极少数为县道；从工程技术等级上看，大部分联系中心城区及各县市的公路为一级公路，少数为二级公路。

至滨海新区：大九路，北海路，海龙路；

至寿光：潍高路；

至昌邑：通亭街（G206）；

至青州：昌乐、北宫街（G309）、宝通街；

至临朐：潍蒋路；

至安丘：诸城、北海路、潍州路（G206）、潍安路（东环路）；

至峡山区、高密：潍胶路。

（4）铁路系统

与高速公路系统相类似，目前潍坊市，特别是中心城区，以东西横向铁路、线路布局为主，缺乏南北方向线路支撑。

胶济线：东西横贯山东省的铁路动脉，与邯济线构成晋煤外运南线通道，为青岛、烟台等港口疏港通道。除潍坊外，还串联济南、淄博、青岛等大城市。国铁Ⅰ级双线电气化铁路。

胶济客专：承担胶济间旅客运输任务，最小曲线半径2200m，开通后缓解胶济线运输压力，实现济南—青岛的客货分线运输。在潍坊市区段内，与胶济线并线同走廊、同站位。

大莱龙铁路：大家洼—莱州—龙口铁路，为地方铁路，现状为Ⅲ级单线半自动闭塞式内燃牵引铁路，仅办理货运，无客运业务。市域范围内，于滨海新区范围内东西方向布设。

益羊线：地方铁路、Ⅲ级单线内燃牵引铁路，青州至大家洼、羊角沟。货运线，无客运业务。

胶新线：胶州—临沂西，国铁Ⅰ级单线铁路，目前为货运铁路，牵引方式为内燃牵引，预留电气化改造条件。潍坊市域范围内，由东北向西南方向由诸城城区北侧斜穿经过。

整体而言，现状潍坊市域范围内铁路还更多地偏重于货运服务，能够提供旅客出行服务的铁路仅一条即胶济客专，特别是南北方向铁路客运服务缺失。尚缺乏组织市域内城际间客流的能力。

2. 城市及交通发展趋势分析

（1）社会经济发展

依据《潍坊市国民经济和社会发展第十二个五年规划纲要》，"十二五"时期，潍坊市人均国内生产总值将由5000美元向10000美元跨越。随着"三区"即山东半岛蓝色经济区、黄河三角洲高效生态经济区、胶东半岛高端产业聚集区建设的强力推进和北部沿海开发的重点突破，潍坊将在综合经济实力、城乡区域协调、生态环境建设等方面取得长足发展。

综合实力显著增强："十二五"时期，该地区生产总值年均增长12%，2015年达到6650亿元，人均国内生产总值达到73670元，三次产业比例调整为7：51：42，高新技术产业产值占比达到45%。

城乡区域协调发展：中心城区辐射带动能力进一步增强，县城和小城镇建设上水平，城镇化进程明显加快，全市城镇化率达到62%，海陆统筹发展格局，滨海新城建设初具规模。

生态环境更加优美：单位地区生产总值能耗大幅度下降，基本形成节约能源资源和保护生态环境的产业结构、增长方式与消费模式。

（2）区域及对外发展层面

1）山东半岛蓝色经济区。

2011年1月4日，国务院以（国函〔2011〕1号）文件批复《山东半岛蓝色经济区发展规划》，山东半岛蓝色经济区建设正式上升为国家战略，成为国家海洋发展战略和区域协调发展战略的重要组成部分。

①空间布局。"一核、两极、三带、三组团"的总体空间框架："一核"，胶东半岛高端海洋产业集聚区，是山东半岛蓝色经济区核心区域，该区域以青岛为龙头，以烟台、潍坊、

威海等沿海城市为骨干；"两极"，黄河三角洲高效生态海洋产业集聚区和鲁南临港产业集聚区两个增长极；"三带"，构筑海岸、近海和远海三条开发保护带；"三组团"，培育青岛—潍坊—日照、烟台—威海、东营—滨州三个城镇组团。

②交通发展。加强海陆基础设施的统筹，优化布局，强化枢纽，完善网络，提升功能，发挥组合效应和整体优势，构建海陆相连、空地一体、便捷高效的现代综合交通网络。

港口：形成以青岛港为核心，烟台港、日照港为骨干，威海港、潍坊港、东营港、滨州港、莱州港为支撑的东北亚国际航运综合枢纽。

铁路：以省铁路主骨架为依托，完善路网结构，打通环海、省际铁路大通道，构筑沿海快速铁路、港口集疏运和集装箱便捷货物铁路运输、大宗物资铁路运输和省际客货铁路运输体系。

公路：加快高等级公路建设和普通路网升级改造，优化路网结构，形成干支相连、快速便捷的公路网络。

机场：科学规划建设青岛新国际机场，形成以青岛新国际机场为中心，烟台、威海、潍坊、东营等机场为支线的空港格局。

2）黄河三角洲高效生态经济区。

2009年11月23日，国务院正式批复《黄河三角洲高效生态经济区发展规划》。黄河三角洲高效生态经济区涵括潍坊市的滨海新区、寿光市、昌邑市，主要指渤海南部的黄河入海口沿岸地区。

①空间布局。规划形成核心保护区、控制开发区和集约开发区合理分布的总体空间框架，其中集约开发区指集聚产业、人口的重要区域和推进工业化、城镇化的重点开发空间，潍坊市寒亭、寿光、昌邑北部沿海地区的潍坊北部临港产业区为集约开发区的主体，建设形成以潍坊滨海经济开发区为核心的总体发展格局。

②交通发展。区域交通按照统筹规划、适度超前的原则，打通连接京津冀、长三角和东北地区的陆海通道，形成便捷、通畅、高效、安全的现代综合运输网络。

港口：形成分工明确的黄河三角洲港口群，东营港主要服务胜利油田、石化基地和东营临港产业区的开发建设。潍坊港和滨州港主要为两市临港产业服务，以散杂货运输为主，兼顾石油化工产品的运输。莱州港区重点发展油品、液体化工品中转储运，积极发展散杂货和集装箱运输。

铁路：建设黄骅—大家洼、德州—龙口—烟台等铁路，配套建设相关支线和疏港铁路，加快区域内城际快速通道建设。

公路：加快高速公路建设和普通路网升级改造，进一步优化路网结构，提高通达能力。加快县乡公路改造，完善路网体系。

机场：合理规划机场布局及规模，积极增加航线、航班，加快发展通用航空，建设区域性支线机场。到2015年，机场客运量争取达到80万人次。

3）胶东半岛高端产业聚集区。

胶东半岛主要包括青岛、烟台、威海、潍坊四市。这一区域区位优势明显，产业基础较好，科技水平和经济外向度较高，发展潜力很大，是山东优质资源富集地带，在全省经济社会发展中具有重要的战略地位和带动作用。

《省发展和改革委员会关于建设胶东半岛高端产业聚集区的意见》（鲁办发2009〔20号〕）将这一地区的发展放到山东省发展战略高度。文件中明确提出该地区应以打造完备高效的基础设施支撑体系为目标，重点发展交通、能源、水利、信息4大基础产业，促进和保障高端产业的集聚发展。要加速港口资源整合和功能完善，构建包括海运、铁路、公路、航空在内的海陆相连、空地一体、便捷高效的综合交通网络。

①青潍日一体化、产业发展及城镇布局一体化。《山东省国民经济和社会发展第十二个五年规划纲要》中，明确胶东半岛高端产业聚集区的核心地位，发挥全省优质资源富集地带的优势，放大青岛龙头带动效应，引导烟台、潍坊、威海三大区域中心城市，着力提高自主创新能力，努力建成国内一流、国际先进的技术密集、知识密集、人才密集、金融密集、服务密集的高端产业聚集区。

"青潍日城镇组群"以青岛为核心，以潍坊和日照为两翼，以胶州、胶南、高密、即墨等一批实力较强的中小城镇为基础，共同把青岛建设成为带动日潍地区快速发展的龙头城市。

②区域交通一体化。东西方向：青潍区域一体化强调积极发挥青岛的"柜台"作用，通过交通基础设施对接与共享，实现互利共赢，持续丰富胶济线东西方向联系的需求空间分布，增进相互之间的联系度。

南北方向：潍日之间强化南北方向联系，一方面加强潍坊与日照港之间的联系；另一方面以日照为节点，潍坊融入国家东部沿海大通道，强化与苏北、长三角地区的联系。

（3）市域城镇体系格局

1）"一主、五副、两翼"。

《潍坊市城市总体规划（2006—2020）》提出"一主、五副、两翼"的市域城镇体系格局。

"一主"指潍坊中心城市。

"五副"指依托便捷的交通线构筑的半小时交通圈中五个副中心城市，包括寿光、昌乐、安丘、昌邑及滨海经济技术开发区。

"两翼"指以高密和诸城为主组成的东南部城镇组团和以青州、临朐为主组成的西南部城镇组团。

2）"一圈、两翼、三带"。

《潍坊市国民经济和社会发展第十二个五年规划纲要》进一步强调按照"一圈、两翼、三带"的格局建设潍坊城市群。

"一圈"，即"一主五副"中心城市圈。中心城市圈内各组团实行相向发展，逐步实现城市、经济、交通、环保一体化发展，构建紧密型城市圈，形成大城市框架。

"两翼"，即东南部城镇组团和西南部城镇组团。在中心城市的带动下，两大城镇组团立足各自优势，突出特色，内引外联，积极参与周边经济区的分工与协作，实现迅速壮大。

"三带"，即中部胶济经济带、北部沿海经济带和南部山区经济带。中部胶济经济带，着力优化提升产业层次，转变经济发展方式，建成市域规模最大、竞争力最强的经济密集区和人口密集区；北部沿海经济带是重点开发区域，充分发挥"三区"叠加优势，加快沿海开发，打造高效生态经济区、海洋高端产业聚集区；南部山区经济带是重点保护区域，以水源地保护为重点，培育发展森林生态体系，积极发展特色农业、生态农业，做强、做大生态旅游业。

（4）区域及对外交通需求预测

1）需求总量的把握。

潍坊市经济社会的发展将促成潍坊市客货运输需求的持续增长，带动交通运输服务的不断升级。潍坊市客运总量如表4-22所示、货运总量如表4-23所示、潍坊港吞吐量如表4-24所示，预计2020年将分别达到43049万人次、49230万t、8500万t，是2010年的1.95倍、3.26倍、5.63倍；展望2030年，潍坊市客运总量、货运总量、潍坊港吞吐量将分别突破6亿人次、7亿t、1.5亿t。

潍坊市客运发展需求预测　　　　　　　　　　　表4-22

运输方式	2005年		2010年		2015年		2020年		年均增长率（%）		
	万人次	结构（%）	万人次	结构（%）	万人次	结构（%）	万人次	结构（%）	2005～2010年	2010～2015年	2015～2020年
铁路	296	4.36	609	3.75	1290	3.93	3884	9.02	15.53	16.19	24.66
公路	6488	95.58	21500	97.18	31432	95.86	38777	90.08	27.08	7.89	4.29
民航	4	0.06	14	0.06	65	0.20	382	0.89	30.44	35.56	43.50
水路	0	0.00	0	0.00	3	0.01	6	0.01	—	—	14.87
合计	6788	100	22123	100	32790	100	43049	100	26.66	8.19	5.60

资料来源：本书编写组自绘。

潍坊市货运发展需求预测　　　　　　　　　　　表4-23

运输方式	2005年		2010年		2015年		2020年		年均增长率（%）		
	万t	结构（%）	万t	结构（%）	万t	结构（%）	万t	结构（%）	2005～2010年	2010～2015年	2015～2020年
铁路	592	6.97	525	3.41	1269	3.67	2976	6.05	-3.39	19.33	18.59
公路	7732	91.02	20300	93.31	31473	90.98	42767	86.87	21.29	9.17	6.32
民航	0	0.00	2	0.01	5	0.01	16	0.03	50.50	21.70	24.99
水路	171	2.01	930	4.27	1845	5.33	3471	7.05	40.31	14.68	13.48
合计	8495	100	21756	100	34592	100	49230	100	20.69	9.72	7.31

资料来源：本书编写组自绘。

潍坊市港口吞吐量发展预测　　　　　　　　　　　表4-24

年份	货物吞吐量（万t）	船舶运力（万t）	集装箱箱量（万TEU）	煤炭（万t）	矿石（万t）	液体化工（万t）
2009年	1263	44	—	108	194	345
2010年	1511	55	3	130	260	400
2015年	4300	107	50	700	200	1600
2020年	8500	173	100	—	—	—

资料来源：本书编写组自绘。

2）需求结构的判断。

伴随综合运输体系的完善，潍坊区域及对外运输结构将得到进一步优化。区域经济的发展和新型工业化的推进，将对"客运快速高效化、货运物流现代化"提出更高要求。

随着高速铁路、城际铁路和市域轨道的开通，主要干线客、货分流的实现，铁路运输将进入快速发展期，客、货运中所占比重逐步提高，远期有望达到并突破总需求的1/10。

公路运输仍将保持主体地位，在中、短途运输以及不同运输方式间的衔接与驳运过程中发挥重要作用，长途及高端客流则继续向高速铁路与航空运输方面转移。

民航航线的拓展与航班的加密，新机场的建设与开通，将进一步释放高端客、货运需求，航空运输将成为潍坊对外交通的重要组成部分。

水路运输具有低成本、重载量的优势，随着货运需求的增长，其未来的地位将进一步提升。

3．居民城际出行调查及特征分析

（1）潍坊城际出行调查小区划分方案

潍坊各区基本指标如表4-25所示，从目前中心城区的行政划分及人口密度来说，奎文区和潍城区具有最高的人口密度和人口总量，但是由于目前的行政区划界限不明确，很难按照这一标准进行划分。

潍坊各区基本指标　　　　　　　　　　　　　　　　　　表4-25

		建成区面积（km²）	城市人口（万人）	人口密度	2020年建成区面积（km²）	2020年城市人口（万人）	2020年人口密度
中心城区		115	96.0	0.83	203	175	0.86
其中	潍城区	26.4	31.0	1.17	40	38.00	0.95
	奎文区	32.4	37.0	1.14	42.4	40.00	0.94
	坊子区	15.9	9.6	0.60	39.78	28.00	0.70
	寒亭区	13.7	8.9	0.65	34.27	35.00	1.02
	经开区	7.1	0.7	0.10	17.76	17.00	0.96
	高新区	19.5	8.8	0.45	28.78	17.00	0.59

资料来源：本书编写组整理。

确定划分交通小区的南北向分界线自西向东为西外环路、白浪河、东环路，东西向分界线自北向南分别为济青高铁、北外环路、济青高速公路、健康东街—健康西街、胶济铁路、南外环路。由以上界线分割成9个交通小区，作为本次研究对象。

（2）潍坊市城际出行调查方案

1）调查要目。

调查方式：问卷，当场回收。

调查地点：潍坊火车站候车厅。

调查对象：发往半岛城市群中淄博、青岛、烟台、威海各城市的旅客。

2）样本数量的确定。

理论上来说需要进行预调研，确定各分区的城际出行人口密度；或者根据潍坊站的发送旅客数确定抽样率和总的样本量。目前中心区人口数约为140万，假设目前潍坊站每天发送城市群内城际旅客量为1万人次，则各小区的城际出行密度标准差为3人/km²，根据样本总量确定方法：

$$n = \frac{z^2 \sigma^2}{e^2}$$

式中，z为标准误差的置信水平，本研究中取置信水平为90%，其对应的z值为1.67；σ为总体标准差，根据以上分析确定为3；e为可接受的抽样误差，本研究的抽样误差定为15%。

确定调查总样本数为1000份。

3）潍坊市城际出行调查的执行。

2014年6月下旬，借调山东科技职业学院的30名学生调查员分三次完成了本次调查，共收到问卷1026份，其中有效问卷1009份，满足既定要求。

（3）城际出行调查样本社会属性统计分析

1）样本的来源。

潍坊本地市民占比33%，潍坊市外出行者占67%。这说明潍坊市与其他城市间的交流较多，而火车站正是这种人员交流的窗口和通道。

调查还询问了出行者的出行来源和目的城市，研究以半岛城市群为核心，来自（约42%）和去往（约13%）半岛城市群之外城市不作为研究对象，其构成分别如下。

分析发现样本的来源城市以青岛为主，约占50%，这与两地的空间距离较近、具有强大的地缘关系相关；以济南、淄博为辅，约占32%，如图4-13所示。显示了青岛、济南作为半岛城市群双核心的强大的放射作用，同时也是潍坊与两个核心城市交流增强的表现。

分析其目的城市发现，济南、青岛仍然是最强有力的吸引城市，约占72%，如图4-14所示。

从出行者的来源和目的地城市分析发现，约有60%的出行者是路过潍坊，而不是以潍坊为终点或者起点城市，反映了潍坊在半岛城市群中中转、衔接两个核心城市客流的作用。

2）样本的社会属性分析。

①样本的年龄分布。样本年龄中35岁以下占到了81%，以18~35岁人口最为集中，这个年龄段也是上学和工作的高密度出行年龄段，因此样本数量最多，占到了80%。这与广佛城际出行调查中的结果基本一致。

■ 青岛 ■ 济南 ■ 淄博 ■ 烟台 ■ 威海
■ 半岛城市群其他城市

图4-13　样本来源城市分布

■ 青岛 ■ 济南 ■ 淄博 ■ 烟台 ■ 威海
■ 半岛城市群其他城市

图4-14　样本目的城市分布

②样本的性别分布。样本的性别分布差距较大，男女比例约为3.4∶1，主要原因在于调查现场更多的男性出行者愿意配合调查，而女性出行者则相对比较谨慎，不愿意透露更多的个人出行信息。

③样本的职业分布。从样本职业来看，企业管理人员、专业技术人员、学生三类人群占有最高的比例，约为68%，这与广佛城际出行的样本属性也具有较强的一致性。即城际出行的主体为来自于企业从事的管理和技术人员及在校大学生。

④样本的行业分布。来自于制造业、教育科研以及IT业的出行者居多，三者占据了50%的比例。这与当前潍坊及半岛城市群的城市及区域主导产业大体一致。其他行业相对较均衡。

⑤样本年收入分布与样本学历分布。样本年收入以10万元以下居多，占到了58%，其中6万~10万元占比最大，达到了34%，这与半岛城市群的城镇居民年均收入水平相吻合。另外，由于有一定数量比例的学生样本，暂无收入的比例约为20%。

样本群体的总体受教育水平较高，有75%的受访者具有大学及以上文化水平，这与调查时的参与情况有关，一些受教育水平较低的出行者对此次调查的参与程度并不高。但是由于样本多是18~35岁的青年阶层，故其文化水平较高也属正常情况。

（4）样本出行特性分析

1）出行目的。

分析发现，目前的潍坊城际出行仍以公务业务出差为主要目的，这与广佛地区的城际出行目的分布有着较大不同。这反映城市群内"职住分离"的异地通勤出行还比较低，这也与半岛城市群的经济发展情况有关，目前存在的通勤方向为以潍坊为家庭居住地较多，而以济南、青岛为工作地所在城市较多。另外，以休闲旅游为目的的出行比重相对较高，且其主要的目的城市是青岛、烟台、威海等滨海旅游城市。

从不同的出行目的反映的出行频次来看，以上班为目的的平均出行频次为1.08次/月，以上学、上班为目的的平均出行频次为0.98次/月，以公务业务出差为目的的平均出行频次为1.70次/月，休闲旅游目的的为0.90次/月。由此可见公务出差目的的出行不但数量大，出行强度也较高，是半岛城市群间最为主要的出行行为。

从出行乘坐的车辆类型来分析，乘坐高铁和动车的旅客的出行目的分布如图4-15所示。

可见公务业务出差出行更加愿意选择快捷高速的出行方式。

2）乘车类型分布。

由图4-16可见，目前的城际出行所乘坐的车型已经发生了较大变化，高铁已经成为最主要的出行方式，而高铁也受到了中高收入阶层的广泛欢迎。

（5）市内换乘部分的出行统计

1）到站方式。

由于潍坊市内的公共交通方式组成较为单一，故到站方式分为出租车、公交车和私家车接送三种主要类型。选择公共交通到站的比例相当高，高达85%，公交车分担率高达44%，说明潍坊市内火车站与各地区公交衔接较方便，70%的公交乘客能够直达火车站，仅有少部分需要换乘两次以上，平均换乘次数1.2次。

■ 上班/回家　■ 上学/回家　■ 公务/业务出差　■ 休闲旅游　■ 其他

图4-15　动车和高铁乘客的出行目的分布
（资料来源：本书编写组自绘）

■ 高铁　■ 动车　■ 快速　■ 其他类型

图4-16　样本乘坐车型分布
（资料来源：本书编写组自绘）

2）到站时间。

到站时间方面，公交出行者到站时间平均为35min，出租车平均23min，步行约8min。但是在出行费用方面，公交车花费要远低于出租车。而公交出行者的平均期望到站时间为21min。这说明公交还应努力提高服务水平。

（6）出行者在城市中的分布与集聚性研究

通过GIS空间分析得到图4-17，潍坊的城际出行者的出行端点大多集中在城市中心区等人口密度相对较大的区域，这些区域为胶济铁路、济青高速公路、白浪河等分割线所围成的区域。由此得到结论：城际出行的集聚区域出现的概率与居住人口密度呈现正相关性。

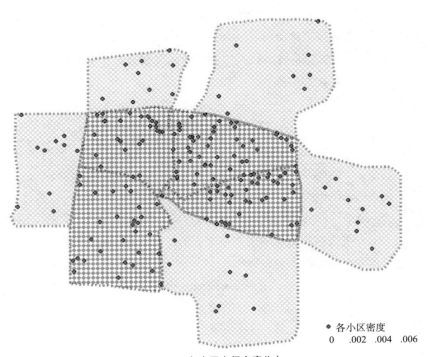

● 各小区密度
0　.002　.004　.006

图4-17　各小区出行密度分布
（资料来源：本书编写组自绘）

由于相关城市用地数据目前还没有得到，故暂时无法分析城际出行人口集聚特性与城市用地的关系。

（7）城际换乘网络与对城际出行换乘枢纽布局的促进作用

现有的城际出行换乘网络以普通公交为主，通过13条公交线路实现了中心城区与滨海、昌邑、安丘、昌乐、寿光、峡山等地区的直接快速连接。并在各地区设立了快速换乘枢纽，初步形成以潍坊火车站为中心的换乘枢纽，实现"七城一体"城际交通出行快速衔接的发展态势。

潍坊市域内城际出行者可以利用当前的城际换乘网络以潍坊火车站为中心换乘枢纽，实现与半岛城市群的快速沟通。

研究发现城际出行起点集聚性规律与广佛地区的集聚性规律基本一致，在城际换乘网络尤其是在周边城市的主要功能区呈现较为典型的集聚关系，表明城际出行在空间上与城市功能布局会产生必然的关联。

4．城际交通需求预测（2030年）

（1）潍坊各站点在山东省客运交通网络体系中的定位与功能分析

潍坊是山东省内最重要的客运通道——济青通道上的重要枢纽节点，目前有胶济客运专线、胶济铁路、青银高速公路（G20）、荣潍高速公路、潍日高速公路等多条公路及铁路通过。并规划济青高速铁路、潍日城际铁路通过潍坊。在此基础上，潍坊规划建设济青高速铁路潍坊北站，并作为潍日城际铁路的主要停靠站；建设潍坊东站，衔接德龙烟威快速铁路和潍日城际铁路。潍坊站继续承担在胶济客运专线中的运输枢纽作用。远期形成潍坊站、高铁潍坊北站、潍坊东站三个具有专门服务线路的城际轨道交通枢纽。

（2）人口与就业情况

以总体规划用地布局为基础，参考中心城区各片区控制性详细规划，以规划用地布局作为人口预测的主要依据。预测到2030年，中心城区人口将增至250万，规划期就业岗位总数为137.2万个，就业率为54.9%。将各小区人口及就业情况整合到17个中区范围内，并按照行政区划进行统计，具体如表4-26所示。

潍坊市人口及就业岗位分布预测（2030年）　　　　表4-26

行政区	中区编号	人口数量（万人）	岗位数量（万个）
奎文区	5	22.1	7.1
	6	26.5	17.3
	9	18.1	8.5
	11	10.8	8.3
潍城区	7	11.5	5.0
	8	24.1	10.6
	10	12.1	4.4
	16	10.4	14.2
	17	6.4	5.2

行政区	中区编号	人口数量（万人）	岗位数量（万个）
高新区	4	18.5	10.5
	12	20.1	12.3
	14	10.5	16.4
坊子区	13	12.0	7.6
	15	13.9	10.1
寒亭区	1	15.5	10.6
	2	11.7	5.9
经开区	3	3.8	3.9

资料来源：本书编写组自绘。

　　奎文区、潍城区和高新区成为潍坊人口较多的行政区，奎文区和潍城区人口比例分列第一、第二位，高新区人口增加到市区人口的20%左右。如图4-18所示，在空间分布上，济青高速以南、西外环路以东、宝通街以北、东外环路以西的区域是中心城区人口密度较高的地区，经开区、西南部城区人口密度相对较低。就业岗位上，奎文区、潍城区和高新区就业岗位比例基本相同，接近25%；寒亭区、坊子区就业岗位分别为10%和11%。高峰小时发生、吸引量分布（中区）如图4-19所示。

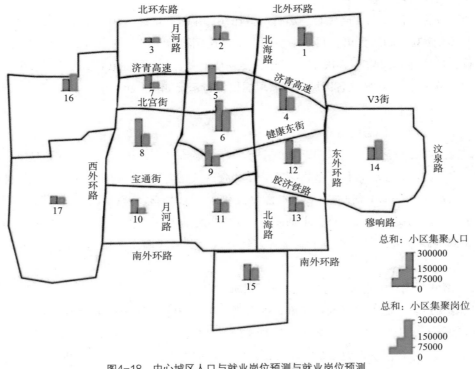

图4-18　中心城区人口与就业岗位预测与就业岗位预测
（资料来源：本书编写组自绘）

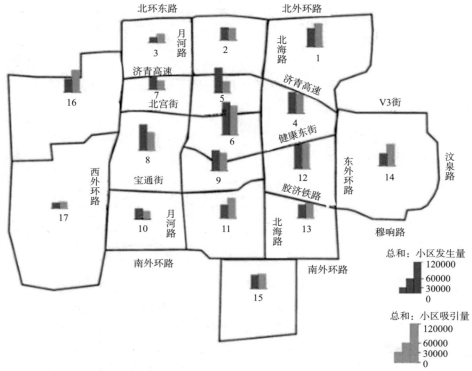

图4-19　高峰小时发生、吸引量分布（中区）
（资料来源：本书编写组自绘）

（3）居民出行总量预测

随着社会经济发展，居民日均出行次数比2010年略有增加，2030年潍坊市居民平均出行次数将达到2.34次。居民出行目的中，刚性出行比例将减少，弹性出行比例增加。全日全方式出行总量将达到584.6万人次/日。其中，潍坊中心城区居民（260个小区范围）出行次数为488.6万人次/日。潍坊城区各区域高峰时段居民出行情况如图4-20所示。

（4）交通需求分布特征

1）居民出行空间态势分布。

出行空间分布整体呈现以两条轴线主导的带状客流形态，东西向交通联系是中心城区交通的最主要方向，该轴带位于济青高速公路和胶济铁路之间，并向中心城区外围延伸。东西向交通联系的中心区域是奎文区，其与潍城区和高新区具有较为密切的交通联系。

南北方向的交通以北海路为主轴线，在奎文区和高新区中形成了南北方向的交通轴带，并向北部与寒亭区、向南与坊子区延伸。经开区、潍城区西南区域与周边片区的联系相对较弱。

2）市域范围内中心城区对外交通联系需求。

区域交通联系需求将得到快速增长，预测2030年潍坊中心城区与市域市县的日出行总量将达到79万人次/日，联系最为紧密的区域是滨海开发区、安丘和昌乐，其中滨海开发区出行量为40.9万人次/日，安丘为12.9万人次/日，昌乐为9.2万人次/日，如表4-27所示。

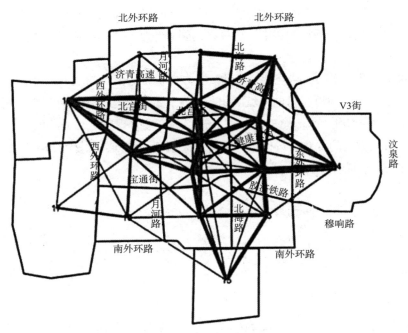

图4-20　高峰小时居民出行全方式OD
（资料来源：本书编写组自绘）

市域范围内中心城区对外出行需求预测（双向万人次/日）　　　　表4-27

区域	规划期出行联系量	区域	规划期出行联系量
滨海开发区	40.9	诸城	0.98
昌乐	9.16	青州	1.83
昌邑	4.22	临朐	0.93
寿光	6.87	高密	1.43
安丘	12.88		

资料来源：本书编写组自绘。

（5）潍坊市城际铁路客运量需求预测

根据中国城市规划设计研究院在潍坊市综合交通规划中对潍坊市的对外交通需求所做的预测，2020年，潍坊市客运总量将达到4.30亿人次；到2030年，潍坊市客运总量将突破6亿人次。随着高速铁路、城际铁路和市域轨道的开通，主要干线客、货分流的实现，铁路运输将进入快速发展期，客运中所占比重逐步提高，远期有望达到并突破总需求的1/10。因此，预计铁路2020年和2030年分担率将分别达到9.0%和10.1%。

根据问卷调查和城际出行需求建模分析，潍坊的城际出行方向主要为东西向和南向，其中东向青岛和西向济南、淄博为主要的出行方向（约占70%），其次向日照、烟台、威海、滨州等省内次级中心城市发送量占东西主通道运量的1/3~1/4，如表4-28所示。全市通过铁路现状年发送约1200万人次，随着高速铁路、城际铁路网络的进一步健全，选择铁路进行城际出行的人将会越来越多。预计2020年发送量将达到4000万人次，2030年发送量将达到6000万人次。

根据现状调查及未来的线路规划，预计济青方向仍将是出行的重点，胶济客运专线和济青高速铁路将会分担不同出行目的的城际出行，预计胶济客运专线+青荣城际铁路组合分担55%，济青高速铁路分担45%。由于潍日城际铁路的开通，现状依靠公路的城际出行将会部分转向铁路，日照方向的铁路出行比重将会有较大幅度的上升，预计2030年各主要城市的出行分担比例如表4-28所示。

潍坊城际出行不同城市分担比例（%）　　表4-28

目的城市	青岛	济南	淄博	日照	烟台、威海	其他
分担比例	40	30	8	8	4	10

资料来源：本书编写组自绘。

2030年潍坊的日均铁路出行需求为16.43万人次，预计高峰小时出行比例为15%~20%，取高峰小时出行人数为3万人次。

则潍坊站、高铁潍坊北站、潍坊东站三个站的预计高峰小时发送量依次为1.38万人次、1.12万人次和0.5万人次。

仅靠常规公交无法运送如此大规模的旅客，因此需要根据各分区的城际出行需求强度设置面向城际出行的城际换乘站，降低换乘的阻抗，保障城际出行效率。

（6）城际客运站与城际换乘站间的流量分配预测及两种情形下城际出行时间对比

建立基于社会总行程时间最小的系统最优的分配模型。对于考虑一个固定时段[0，T]的最优控制问题。以$x_a(t)$表示t时刻路段a上存在的交通负荷。而$x_a^n(t)$则表示t时刻路段a上流向终点n的交通负荷。

$$x_a(t) = \sum_{n \in N} x_a^n(t)$$

本书给出的系统最优分配模型为：

$$\min = \sum_{a \in A} \int_0^T x_a(t) \mathrm{d}t$$

$$\textbf{s.t.} \frac{\mathrm{d}x_a^n(t)}{\mathrm{d}t} = u_a^n(t) - v_a^n(t) \quad \forall a \in A \ \forall n \in N \ \forall t \in [0,T]$$

$$\sum_{a \in A(k)} u_a^n(t) = S_{kn}(t) + \sum_{a \in B(k)} v_a^n(t) \quad \forall k \in N \ \forall n \in N \ \forall t \in [0,T] k \neq n$$

$$\sum_{a \in A(n)} u_a^n(t) = 0 \quad \forall n \in N \ \forall t \in [0,T]$$

$$x_a^n(0) = 0 \quad \forall a \in A \ \forall n \in N$$

$$u_a^n(t) \geq 0 \quad \forall a \in A \ \forall n \in N \ \forall t \in [0,T]$$

$A（k）$表示有向路段起点是k的路段集合，$B（k）$则表示有向路段终点是k的路段集合。$S_{kn}（t）$表示t时刻节点k产生的流向终点n的出行率，本研究假设其是已知的、确定的。$u_a^n(t)$表

示路段 a 上 t 时刻流向终点 n 的路段流入率，而设 $v_a^n(t)$ 为流出率。

应用此模型对2030年的工作日高峰小时城际出行流量进行分配，流量分配情形分为两种，一种为设置城际换乘站点，另一种为不设置区域换乘站点。根据现状的公交分担率预测，未来公交和轨道网络进一步完善的情况下，2030年的城际出行市内部分公交分担率将达到60%。

在设置城际换乘站点的情形下，乘客可以通过区域换乘站衔接的大运量快速公交系统直达城际客运站，减少换乘次数，提高运送速度，以此提高运送效率。

在没有设置城际换乘站的情形下，乘客只能通过普通公交或者轨道交通的多次换乘抵达城际客运站，出行时耗远高于情形一。

两种情形下的城际出行（市内部分）时间对比：到站时间方面，公交出行者到站时间平均为35min，而公交出行者的平均期望到站时间为21min。

在远期设置城际出行换乘站的情形下，以当前出行强度最高的5号小区为例计算平均市内出行时间。

根据潍坊市综合交通规划和公共交通专项规划，该小区在未来的轨道交通（$R=2km$）覆盖率为20%，干线公交的覆盖率为70%，公交网络的覆盖率为100%。假设城际出行者在该小区内均匀分布，则可预测未来通过城际出行换乘点乘坐轨道交通直达城际车站的比重为20%，通过普通公交一次换乘轨道交通到达城际车站的比重占全部公交出行的40%，通过公交直达的占30%，通过公交换乘一次公交到达的占10%。则以上四种方式的平均时耗如表4-29所示。

四种方式的平均时耗（min）　　　　　　　　　　　　　表4-29

类型	轨道直达	公交+轨道	公交直达	公交+公交
车外时间	5	6	5	7
车上时间	10	12	15	15
总计	15	18	20	22

资料来源：本书编写组自绘。

根据各种方式所占比重，得出该小区未来的公交方式到站平均时间为18.4min。

对比现状数据，发现通过设置城际出行站点和轨道交通网络可以大大降低城际出行的市内部分时耗。

通过潍坊城际出行的研究可以发现，未来的城际轨道出行规模将会出现井喷式发展，设立为城际出行换乘站点可以提高城际出行的效率。无论从站点的设施功能还是站点的客流量来说，传统的轨道交通站点的服务更多的还是面向城市内部出行。

因此，应当对传统的轨道站点进行功能升级，如增加城际客运取（售）票设施，或者增加城际客运与城市轨道的一体化售票设施。在用地方面，也应当考虑城际出行者的出行需求，适当预留公交支线衔接场地，以扩大站点的服务半径。

（7）"1+5城市圈"轨道交通组织

以中心城区轨道线网为基础，在3条线路上铺设延伸线，形成覆盖整个"1+5"城市圈的轨道系统，如图4-21所示。

1）线路延伸拓展方案。

联系滨海新区——轨道1号线北延，大致线位落于北海路；

联系昌邑城区——由规划高铁站引出轨道 1 号线的支线延长线，沿既有G206至昌邑城区；

联系安丘城区——由轨道3号线南端继续引出，向南延伸，沿既有G206至安丘城区；

联系昌乐城区——由轨道2号线西端引出，沿北宫街（原有G309）向西至昌乐城区；

联系寿光城区——由轨道2号线西延伸线至昌乐后向北引出，接入寿光城区；

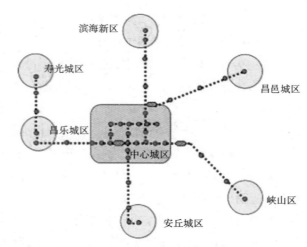

图4-21 "1+5" 城市圈轨道交通规划布局
（资料来源：本书编写组自绘）

联系峡山区——由轨道 2 号线东端引出，向东沿潍胶路至峡山区。

2）灵活的运营组织模式。

①差异化的站间距。中心城区范围内宜采用0.8~1.2km站间距，满足高强度、高密度的居民日常通勤出行需求，城区外延伸线采用大站方式，设站间距一般在5km以上，满足中长距离运输的速度和效率。

②多交路套跑满足差异化的客运需求。避免采用单一的列车组织运营模式，中心城区内可采用小交路，保证中心城区内部轨道交通的发车密度；连接外围县市区的列车可采用大交路或者开行中心城区外围站点至县市区的区间线路等方式灵活组织。多种方式混跑，满足差异化的客运需求。

3）市域轨道交通组织。

市域范围内轨道交通组织主要包含如下层次。

城际轨道——满足市域范围内远距（40km以上）县市间的出行，东西方向依靠胶济客专，南北方向依靠滨潍日城际。

中心城区轨道延长线——重点服务 "1+5" 城市圈内雏形，详见上节内容。

其他线路，益羊—青临线——满足货运需求的同时，可考虑开行部分列车班次，满足寿光—青州—临朐城区间的中距离客流，填补市域西部城镇密集区缺乏南北轨道支撑的空白。

一方面，轨道交通线网的规划遵循以下几点原则。

考虑城市主导发展方向，实现利用轨道交通引导用地拓展和功能聚集，打造东西方向发展主轴，与居民日常出行主要流向相吻合。

充分考虑 "1+5" 城市圈内各县市间客流需求，打造开放的中心城区轨道系统网络，重点打造 "中心城区-滨海新区" 的双城结构，依托轨道交通拉动滨海新区起步发展。

原则上轨道交通线（客流走廊）避让快速路系统（机动车走廊），泾渭分明，各司其职。

轨道线路重点服务各市级、区级核心区等功能完善、人口及就业岗位集中片区。

满足对火车站、长途客运站等对外交通枢纽的服务。

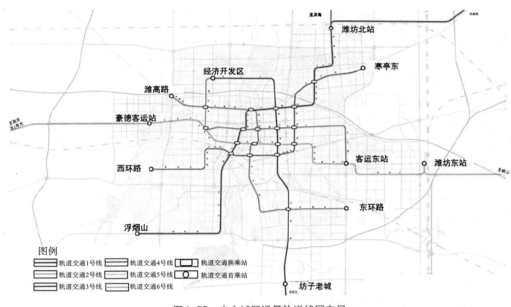

图4-22 中心城区远景轨道线网布局
（资料来源：本书编写组自绘）

另一方面，关于轨道线网方案，本次规划提出在潍坊市中心城区形成3条轨道线组成的线网框架方案，线路总长度为87km。中心城区远景轨道线网布局如图4-22所示。

①1号线。

线路走向：自滨海新区向南经过规划太济青潍坊高铁站，由潍县北路向南，走玉清街（或福寿街）向西，至白浪河东岸向南，至福寿街转至白浪河西和平路继续南延，穿过既有潍坊火车站，向南贯穿军埠口发展区，远期可根据实际需要延伸至浮烟山地区。中心城区范围内（不含太济青高铁站至滨海新区段），该线路长度为34km。

线路功能：支撑"中心城区-滨海新区"双城哑铃结构的轨道交通线路，是潍坊城市纵向生长发育的主要载体。

中心城区范围内，串联高铁站、寒亭区、白浪河两岸城市核心区、火车站、站南片区以及军埠口开发区等重要节点和片区。

玉清街段：相对于福寿街而言，该路目前两侧开发尚未成熟，除潍坊市海关、潍坊高新技术创业服务中心、电力局等少量大型办公设施外，大量地块仍然处在开发之中。线路布局如此，可以充分体现轨道交通的拉动提升功能，大幅提高两侧用地的潜在土地价值，体现轨道交通引导发展的理念。同时，该线位与2号线胜利街线位距离适宜，使东、西两条线路的布局更加均衡，功能更加明确合理。本次规划将玉清街线位作为推荐方案。

沿白浪河两侧，穿越现有城市发展核心区，串联中百商圈等市级商业服务集中区。联系火车站南、北片区，可与火车站站房实现立体换乘，实现城市对外与对内交通高效衔接。

串联军埠口地区发展，拉近该地区与城市核心区的联系，远期根据需要可延伸，为浮烟山风景区提供特色化的轨道交通出行服务。

②2号线。

线路走向：沿北宫街、安顺路，接至胜利街，一直向东延伸，至潍县中路向南拐至樱前街，继续向东至高一路向南转至宝通街，并终止于规划滨潍日城际高新区站。中心城区范围内，该线路长度为27km。

线路功能：城市东西方向延伸的载体，支撑城市主导发展方向——东向。与济青高速公路及胶济铁路的走向吻合，体现并延续了历史潍坊发展的主轴。

与现有城区主导交通流向相吻合，随城市逐步东西拓展，将成长为线网中客流量最大的线路。

串联潍城新区、安顺新区、中百、泰华商圈、奎文区政府、潍坊市政府、市民医疗卫生中心、潍坊一中等一系列市级公共服务热点与片区。

与规划滨潍日城际铁路高新区站相衔接，提高对外交通枢纽的客流集散能力。

③3号线。

线路走向：沿经开区民主街向东，至新华路（北延伸线位置）后，向南沿新华路线位，过宝通街后转至北海路，继续南延至坊子老区截止。中心城区范围内，线路长度为26km。

线路功能：中心城区东部地区南北方向发展轴线。串联经开区、奎文区、坊子新区以及老区。取道新华路，避让北海快速路（机动车走廊）。新华路为现状城东地区市级商业集中区，道路宽度适宜，沿线商业氛围浓厚，客流集散需求大。

④线网重要站点。

本次规划重点考察两类轨道交通枢纽站点，第一类为轨道线路之间的交汇站，此类站点具备线路转换功能，具有较强的可达性，应与城市的重要功能区相吻合；第二类为城市对外交通客运站点，此类站点客流集散量大，是城市内外交通衔接的重要节点。

轨道交通换乘站：

1号线、2号线换乘点：位于潍城区和平路与胜利街交叉口，是现有潍坊市中心城区的公共服务核心区，聚集中百、泰华等多家大型商业设施。

2号线、3号线换乘点：位于奎文区胜利街与新华路交叉口，为既有城东地区商业服务集中区，聚集银座、市民活动中心等设施，交通便利，人员活动密集。

1号线、3号线换乘点：位于奎文区玉清街与新华路的交叉口，目前周边用地开发尚未完成，建议调整相关用地规划，充分发挥轨道交通拉动提升作用，形成核心区北部新功能聚集区。

对外交通客运站点：

1号线服务：既有潍坊火车站及长途联运站、规划潍坊高铁站、潍坊客运北站（规划新建二级站）。

2号线服务：规划滨潍日城际铁路高新区站（潍坊东站）、潍坊豪德客运站（已建）、潍坊客运新东站（规划新建一级站）、潍坊汽车总站（已建，但本次规划建议搬迁）。

三、城镇群重大基础设施廊道空间选址

（一）指标体系的构建

1. 构建原则

对城镇群重大基础设施（高速公路、铁路）廊道空间选址指标体系的构建，首先应在参照一般公路网和铁路线网技术评价的基础上，从城镇群重大基础设施规划与建设方面，分析其决策的引导因素和制约因素，揭示高速公路和铁路廊道空间选址的原则内容，为其选择决策提供理论依据。

开展城镇群重大基础设施（高速公路、铁路）廊道空间选址的评价研究，主要遵循融合性、可调性、显隐结合性和空间可视性等原则。

（1）融合性原则

廊道空间选址辅助决策作为课题的一部分，应考虑到数据库的信息提取与分析，以及整个系统的功能。将指标体系的构建融入课题，使其与课题的其他部分相互衔接、互为补充。

（2）可调性原则

由于各规划区的位置、经济情况以及用地的效益等有所差异，廊道空间选址评价体系的赋值标准会有所差异。评价工作应充分考虑经济、社会发展的时空差异，根据各块规划区的自身实际，确定廊道空间选址评价指标的理想值和权重值。

（3）显隐结合性原则

廊道空间的建设与发展不仅取决于廊道空间本身的发展能力，即交通空间技术层面的因素，还应针对廊道空间所处的规划区的独特性，从城市规划的角度，考虑与廊道空间发展的需求和潜力直接相关的因素。

（4）空间可视性原则

指标体系的评价仅能得到数值上的结论，并不足以对空间廊道的选址做出辅助性的决策。要做到评价结果的可视化，还需将评价结果与可视化空间数据平台相结合。因此，指标的选取必须考虑到与可视化空间数据平台中的相同属性的结合。

2. 选取方法

从整体而言，高速公路和铁路廊道空间选址，首先取决于廊道空间本身的发展能力，包括廊道建设的饱和度和公路网的结构特点。此外，更应针对研究区域的特征，从城市规划的角度，考虑与廊道空间发展的需求和潜力直接相关的因素，包括社会经济发展因素、生态环境因素和建成环境因素等。因此，高速公路和铁路廊道空间选址的决策因素需要建立宏观和微观两个层面的评价指标体系。指标体系可分为三级，即评价总目标级、评价因素和评价指标（量化要素）。

3. 指标体系

（1）指标体系结构

高速公路和铁路廊道空间选址的决策因素，主要可以分为宏观和微观两个层面。宏观层面的决策因素侧重于社会经济属性，反映了社会经济因素对廊道空间选址的影响。同时，宏观层面的决策因素也从区域的视角和城镇群的视角，考虑廊道空间的选址。而微观层面的决策因素侧重于物质空间属性，考虑物质空间的地质地貌特征，以及城市规划划定的保护范围等因素对廊道空间选址的影响。

因此，廊道空间控制指标体系从两个层次出发，首先，制定宏观决策指标，从整体性的区域视角和社会经济发展的宏观视角对廊道选址的影响因素做出评价；其次，从微观的物质环境特征和城市建设情况的角度，考量廊道空间的建设条件，从而构建廊道空间选址的微观选线指标。宏观决策指标和微观选线指标又都分别由三级指标构成（表4-30）。

重大基础设施（高速公路和铁路）廊道控制指标体系   表4-30

	A一级指标	B二级指标	C三级指标（量化要素）
宏观决策	设施效能因素	发展能力	高速公路路网密度
			高速公路连通度指数
	社会经济因素	社会潜力	人口分布密度
		经济潜力	人均国内生产总值
微观选线	生态环境敏感性	工程地质	采空区、断裂带范围区域
		水文地质	水源地范围
		地形地貌	山体坡度
	建成环境约束性	用地评价	基本农田区域
		建成评价	居民建成区
			规划区范围

（2）指标体系赋值方法

指标体系赋值，即将量纲不同、标准不一，甚至不是数据的各类信息，以特定方式统一为可比较、可计算的数值，是指标量化的重要程序。在该指标体系中，主要利用两种方式对其进行赋值。其一为数据库赋值法，既利用现有系统地理数据库，对规划区内用地的不同属性进行赋值，利于用地的坡度、是否位于采空区、断裂带，是否位于居民建成区等，主要运用微观选线指标的赋值；其二为理想值赋值法，既通过理想值的选取，以理想值为基准，对规划区内各数据进行评价，使其成为量纲统一、标准一致的数值，主要运用于宏观决策指标（表4-31）。

赋值方法说明表   表4-31

量化要素	赋值方法
高速公路路网密度	按理想值，赋值"0~1.5"，越接近理想值评分越高
高速公路连通度指数	按理想值，赋值"0~1.5"，越接近理想值评分越高
人口分布密度	按理想值，赋值"0~1.5"，越接近理想值评分越高
人均国内生产总值	赋值"0~1.5"，设评价区间
地质灾害易发区	赋值"0"或"1"，在范围内"0"，不在范围内"1"
水源地范围	赋值"0"或"1"，在范围内"0"，不在范围内"1"
山体坡度	按理想值，赋值"0~1.5"，越接近理想值评分越高
基本农田区域	赋值"0"或"1"，在范围内"0"，不在范围内"1"
居民建成区	赋值"0"或"1"，在范围内"0"，不在范围内"1"
规划区范围	赋值"0"或"1"，在范围内"0"，不在范围内"1"

（3）指标体系内容解读

1）宏观决策指标。

宏观决策指标包括设施效能因素和社会经济因素，从宏观层面对廊道选址的影响因素做出评价，建立三级评价指标体系，其中2个一级指标为设施效能因素和社会经济因素，3个二级指标为发展能力、社会潜力和经济潜力，4个三级指标为高速公路路网密度、高速公路连通度指数、人口分布密度和人均国内生产总值。

①设施效能因素：主要以设施的发展能力作为评价指标。而发展能力指的是交通网络的建设情况和发展潜能，选取路网密度和高速公路连通度两个因子作为主要指标，用来评价交通网络现状建设的饱和程度度和今后的发展潜力。交通廊道选址决策倾向于交通网络建设水平较低的地区。

• 高速公路路网密度。

路网密度是公路运输生产所需要的物质基础，其空间分布、通行能力和技术水平体现着整个运输系统的状况和水平，在区域交通中占有十分重要的地位，路网密度反映了公路网总体建设及其规模，能在一定程度显示路网的建设程度。路网密度有多重表达方式，包括按国土面积计算、按人口计算、按国土面积及人口计算，以及按国土面积、人口和生产总值计算，该指标体系选用按国土面积的路网密度，即

$$D_S = L_N / A$$

式中，D_S为每平方公里平均高速公路里程（km/10^3km^2）；L_N为公路网总里程（km）；A为国土面积（10^3km^2）。

按照规划区域的人口规模、人均国内生产总值和现在路网密度，廊道空间建设中应有一个理想路网密度。在廊道空间选址决策中，按行政分区对该项指标评分，建立抛物线形的函数曲线，以理想值为曲线最高点（最高评分点），向两侧远离最高评分点则评分逐渐降低。该项指标数据的获取需要通过重大基础设施识别与提取，获得公路网总里程的数据，通过行政区的总体规划获得国土面积的数据。

• 高速公路连通度指数。

路网连通度可分析区域内交通节点以及各节点之间的相互联系，从路网布局方面反映公路网的结构特点，考察网络节点的连通状况，表现各节点依靠路网的连接强度，衡量路网成熟程度。路网连通度指数定义为：

$$J = \frac{\sum_{i=1}^{N} M_i}{N} = \frac{2M}{N}$$

式中，J为路网连通度；N为路网节点总数；M_i为第i个节点所连接的边数；M为网络总边数（路段数）。

根据关于对道路连通度的研究，廊道空间建设中应有一个理想的高速公路连通度。在廊道空间选址决策中，按行政分区对该项指标评分，建立抛物线形的函数曲线，以理想值为曲线最高点（最高评分点），向两侧远离最高评分点则评分逐渐降低。该项指标数据的获取需要通过重大基础设施识别与提取，得到公路网总路段数，以及路网节点总数（图4-23）。

②社会经济因素：是交通网络发展的根本原因，又分为社会潜力和经济潜力，对廊道空间的选址具有重要的影响作用。

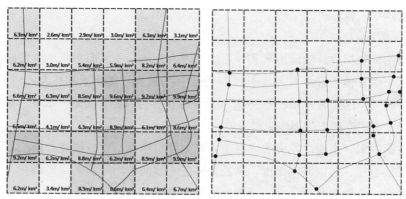

图4-23　路网密度、连通度
（资料来源：本书编写组自绘）

• 社会潜力。

随着社会的进步和发展，特别是人口数量的增长和质量的提升，会带来交通出行量、货物流周转量等的增长，从而将对交通网络的建设提出新的需求。社会潜力，即由社会发展为交通网络廊道空间建设带来的发展潜力。在本次研究中，主要以人口数量的增长代表社会潜力的增加。因此，在指标体系中，以"人口分布密度"作为评价社会潜力的量化指标。

人口密度是单位面积土地上居住的人口数，表达人口的分布特征，也代表了地区的社会发展潜力。城市规划中存在人均指标，即按照人口密度来衡量各类设施的需求量，从而实现设施的合理布局。因此，交通廊道作为基础设施的组成部分，人口分布密度对其的供给也有重要的影响作用。人口分布密度高的地区，其出行生产量和货流运输周转量等均较高，这些地区对交通网路的通达性和服务水平等因素也有较高的要求。

廊道空间的选址应该倾向于人口分布密度高的地区，有利于廊道空间的供给与社会发展潜力相匹配。

• 经济潜力。

自19世纪以来，城市经济学领域就开始研究交通区位与城市经济社会发展的关系，如亚当·斯密针对运输成本的研究，萨伦巴和马利士的点轴开发理论，将交通线路看作生产要素交换的廊道。可见，交通网络的发展对区域经济具有促进作用，区域经济的发展也是交通网络建设的动力。在本次研究中，主要以"人均国内生产总值"的增长代表经济潜力的增加。因此，在指标体系中，以"人均国内生产总值"作为评价社会潜力的量化指标。

"人均国内生产总值"，常作为发展经济学中衡量经济发展状况的指标，是最重要的宏观经济指标之一，它是人们了解和把握一个国家或地区的宏观经济运行状况的有效工具。因此，作为衡量社会经济发展的重要指标，人均国内生产总值与交通廊道之间具有相互适应的关系，且廊道空间建设应适当超前。

廊道空间的选址应该倾向于人均国内生产总值数值高的区间，有利于廊道空间的供给与社会经济发展达到平衡。

2）微观决策指标。

微观选线指标，包括生态环境敏感性因素和建成环境约束性因素，从微观层面对廊道选址的影响因素做出评价，建立三级评价指标体系，其中2个二级指标，即生态环境敏感性和建成环境约束性；5个二级指标，即工程地质、水文地质、地形地貌、用地评价和建成评价；6个三级指标，即采空区与断裂带范围区域、水源地范围、山体坡度、基本农田区域、居民建成区和规划区范围。其中，6个三级指标为量化指标，参考理想值进行评分。

①生态环境敏感性：指生态系统对区域内自然和人类活动干扰的敏感程度，它反映区域生态系统在遇到干扰时，发生生态环境问题的难易程度和可能性大小，并用来表征外界干扰可能造成的后果。作为人类活动的一部分，廊道空间的建设和运营将会对生态环境敏感区的环境产生影响。因此，廊道空间的选址应该避开生态环境敏感区。生态环境敏感性指标又分为3个二级指标。

• 工程地质。

工程地质条件对项目工程的稳定性具有直接影响，是重大基础设施工程选址中需要考虑的重要因素。工程地质条件包括地层的岩性、地质构造、水文地质条件、地表地质作用和地形地貌等内容。其中，地表地质作用是现代地表地质作用的反映，主要包括滑坡、崩塌、岩溶、泥石流、风沙移动、河流冲刷与沉积等，对评价建筑物的稳定性和预测工程地质条件的变化意义重大。在城市规划中，相关单位均会进行地质灾害调查来评估这些地表地质作用，并出具地质灾害调查报告。因此，在指标体系中，以地质灾害易发区作为该项指标的量化要素。

廊道空间的选址应该避开地质灾害易发范围，避免工程地质条件对廊道空间工程造成的负面影响。

• 水域范围（水文地质）。

水域指有一定含义或用途的水体所占有的区域，包括江河、湖泊、运河、渠道、水库、水塘等。水域是生态环境保护的重要区域，更是城市饮用水的主要来源之一。在城市规划领域的工作中，对水域的保护和利用均有涉及，更是突出了饮用水水源地的保护。因此，在指标体系中，以水源地保护范围作为该项指标的量化要素。

水源地保护范围指国家为防止饮用水水源地污染、保证水源地环境质量而划定，并要求加以特殊保护的一定面积的水域和陆域。根据《饮用水水源保护区划分技术规范》（HJ 338—2018），饮用水水源保护区一般划分为一级保护区和二级保护区，必要时可增设准保护区。陆域汇水范围内，距设计水位线200m范围为一级保护区，一级保护区范围线以外不小于3000m为二级保护区范围，二级保护区以外的汇水区域为准保护区。一级保护区内禁止新建、扩建与供水设施和保护水源无关的建设项目。廊道空间的选线应避开水源地保护区，避免工程的实施对水源保护带来负面影响。

• 地形地貌。

地形地貌即地势高低起伏的变化，及其在地表呈现出的形态。地形坡度是表达地形地貌的重要量化指标，对交通线网的走向、长度、工程造价等都有重要的影响作用。因此，在指标体系中，以山体坡度作为评价地形地貌的量化指标。

在廊道空间选址中，选取具有合理的山体坡度的走向，能大大减少土建工程，降低重点控制工程技术、施工难度，以达到节省工程投资、提高工程可靠度的目的。因此，廊道空间的选址应有一个合理的坡度区间，既满足廊道空间的自然排水，又符合交通设施的牵引能力，使得廊道空间工程的建设和运营最优。

②建成环境约束性。

• 土地利用。

国土部分通过《土地利用总体规划》对国家的土地资源在各产业部门进行合理配置，主要是在农业与非农业之间进行配置，以土地用途将土地分为农用地、建设用地和未利用地。该规划对耕地进行特殊保护，特别强调基本农田的永久性保护。因此，在指标体系中，以基本农田区域作为评价土地利用的量化指标。

基本农田区域是指依据《土地利用总体规划》和依照法定程序对基本农田实行特殊保护而确定的保护区域。严格保护基本农田，禁止一切非农业利用，基本农田保护区经依法划定后，任何单位和个人不得改变或者占用。廊道空间的选线应避开基本农田区域，避免工程的实施对基本农田的侵占。

• 建成评价。

建成区，即市行政区范围内经过征用的土地和实际建设发展起来的非农业生产建设地段。建成评价就是对建成区情况进行的评价，是在对城市的现状建设情况进行考量的同时，也综合考虑规划编制情况对廊道空间选址的影响，包括以下内容。

居民建成区，是指包括市县中心城市和小城镇地区等在内的重点开发或以开发为主的区域。居民建成区对人居环境的建设和保护具有一定的要求，而廊道空间运营将带来噪声和空气污染，并对居民存在潜在的人身安全威胁。因此，廊道空间的选线应避开居民建成区。居民建成区评价指标，需要结合城镇（局部村庄）的建设用地边界和交通设施建设的安全规范。

城市规划区是指城市建成区和城市发展需要实施规划控制的区域。这一范围内的用地在城市规划的指导下进行调整和再开发，其用地的功能和性质一般已经在规划中确定，并具有法律效力，不能轻易更改。因此，为了避免廊道空间运营与城市用地功能的冲突，并减小实施难度，廊道空间的选址应该尽可能避开城市规划区范围（图4-24）。

（二）指标体系的理想值

根据上文中廊道空间选址要素的赋值方式，该指标体系中的4项量化指标需要通过与理想值的对比来获得最终的评分结果。这4项量化指标分别为高速公路路网密度、高速公路连通度

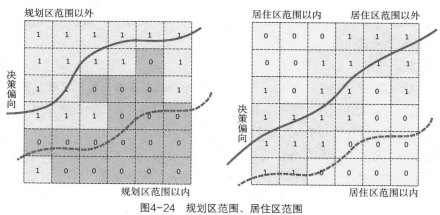

图4-24 规划区范围、居住区范围
（资料来源：本书编写组自绘）

指数、人口分布密度和山体坡度。各项指标理想值的确定主要依据：交通工程的相关法律、法规、制度和技术标准；《土地利用总体规划》和城市规划采用的技术指标；缺乏上述依据和标准时，可选择能反映当地实际情况并代表廊道空间建设程度较高地区的数据，并结合专家咨询等途径确定相关理想值。

1．高速公路路网密度的理想值

（1）路网密度理想值计算思路

路网密度是公路运输生产所需要的物质基础，在区域交通中占有十分重要的地位，路网密度反映了公路网总体建设及其规模。该指标体系拟通过规划区域面积A和规划区域的历年人口总数P_i，计算规划区域的历年经济指标系数K_i，再以历年经济指标系数K_i与历年人均国民生产总值G_i建立回归函数，以求得规划年份理想的道路网长度L_N，继而得到规划年的理想路网密度D_S。

（2）路网密度理想值计算步骤

根据前述路网密度公式，为了计算D_S的理想值，需先得到L_N的理想值。根据"道路长度与人口和面积的平方根以及经济指标成正比"的国土系数理论，可用下式计算理论公路长度：

$$L_N = K_N \sqrt{AP_N}$$

式中，L_N为理想的道路长度（km）；K_N为经济指标系数（道路网系数）；P_N为规划区域的人口总数（10^3人）；A为规划区域面积（10^3km^2）。

道路网系数K_N首先需通过规划区域预测年的道路网长度L_N、人口P_N，根据下列公式计算：

$$K_N = L_N \sqrt{AP_N}$$

然后由历年的人均国民生产总值G_N数据和（1-3）式中计算出的K_N，通过数理统计回归得出二者之间的关系模型：

$$K_N = a + bG_N$$

式中，a、b为回归系数。

人均国民生产总值G_N根据区域社会经济发展历史数据、发展趋势得出。由该关系模型求出第i年的路网系数K_i代入上式，求出预测的道路网规模。

可见，高速公路路网密度的理想值，随规划区域、人口变动以及人均国民生产总值的变动而变动，根据公式可求得某一规模区域某年的高速公路路网密度理想值。然而，使用该方式只能以行政区划为评价单元，不利于廊道空间选址意见的提出。因此，该指标体系在参考廊道空间建设程度较高地区的数据（长三角高速公路网密度为7.1km/km²，珠三角高速公路网密度为9.3km/km²），并结合专家咨询后，确定高速公路路网密度的理想值为9km/km²。

2．高速公路连通度指数的理想值

根据相关研究显示，路网连通度（J值）越高，表示路网越成熟，路网的连通性越强。当J值接近1.0时，路网布局为树状，各节点之间多为两路连通，路网连通度较差；J值为2.0时，路网布局为方格网状，节点多为四路连通，连通情况较好；当2.0<J<3.22时，表示路网基本完善；当J值略大于3时，路网布局为三角网状，节点多为六路连通，表示路网达到理论状态，高速公路网的J值介于1.6~2.0就表示基本完善。

因此，高速公路连通度指数的理想值应选取J值为3.0，1.6~3.0评分降低的曲线较缓，

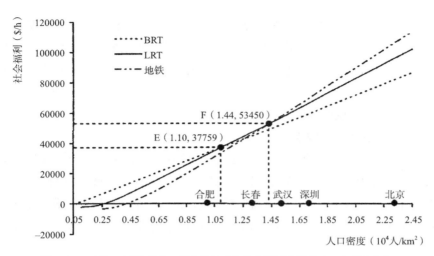

图4-25   BRT、LRT和地铁三种交通技术下社会福利水平随人口密度的变化
（资料来源：城市交通基础设施投资与拥挤外部性管理决策模型研究）

1.6~0评分降低的曲线较陡。

3．人口分布密度指数的理想值

研究显示，大运量交通技术下，最优社会福利水平随人口密度的变化而变化，呈正相关。通过研究BRT、LRT和地铁三种大容量公共交通方式的最优社会福利水平，根据其社会福利与人口密度关系曲线两两相交的交点，确定相应的临近人口密度。本次将使用地铁交通方式的临界人口作为人口分布密度指数的理想值，为1.44万人/km²（图4-25）。

4．山体坡度的理想值

（1）山体坡度

空间廊道选址辅助决策系统中，山体坡度由系统的空间分析功能进行分析与提取，再结合选取的理想值进行评价。山体坡度，即自然山体，是表达地形变化情况的重要量化指标，对交通线网的走向、长度、工程造价等都有重要的影响作用。

（2）山体坡度理想值的选取

首先，按照现在的国家标准，火车最高爬坡率在25‰左右，也就是说，1000m长的铁路，从头至尾，高度不能相差25m；就算是"加力牵引"，也不得超过30‰。其次，根据对动车组性能的坡度适应性研究，动车组对于12‰及以下的坡度有较好的适应性；动车组在20‰的坡度上，其速度损失可保持在10%以下；而当坡度大于20‰时，动车组的运行速度下降较为明显。

因此，该指标中的理想值并非最高评分点，坡度为0‰时得分最高，随着坡度的增加得分逐渐减小，山体坡度达到12‰时得分减小的频率加快，山体坡度在20‰~25‰得分减小的频率再次加快，山体坡度达到25‰之后评分开始为负值。

（三）指标体系的权重

廊道空间选择辅助决策系统选用两种权重确定方法，分别为层次分析法和专家评分法。先用"层次分析法确定权重"的方法计算指标体系中的各因子权重，再在人机互动层面利用专家评分法调整权重。

1．专家评分法

评价指标权重确定应在符合指标重要性排序和权重值区间标准的基础上，根据当地实际，采用德尔菲法确定。

通过对指数、分指数或分指数指标的权重进行多轮专家打分，并按以下公式计算权重值：

$$W_i = \frac{\sum\limits_{j=1}^{n} E_{ij}}{n}$$

式中，W_i为第i项指标所给定的权重值；E_{ij}为专家j对第i个指标给出的分数；n为专家的总人数。

实施要求：

①参与此次打分的专家共10人，均熟知整个城市的经济社会发展和土地利用情况。

②打分在各专家互不商量的情形下单独进行。

③从第二轮起，打分必须参考前一轮的打分结果进行。

④打分一般进行2或3轮。通过德尔菲法，结合专家多轮打分的结果，从而确定各层指标的权重。

2．层次分析法

（1）计算步骤

美国著名运筹学家T.L.Steaty教授20世纪70年代中期提出的层次分析法来确定其权重。层次分析法确定权重步骤如下。

①明确研究范围。所包含因素和因素与因素之间的相互关系，以及需要解决问题的范围。

②建立层次结构模型。具体分析问题，将各因子划分为不同层次，建立由上到下的递阶层次。将递阶层次分为3层，最上面为目标层，只有一个因素；中间为制约层；最底层是指标层，由具体评价因子组成。

③构造判断矩阵。针对上一层次的某因素，对本层次有关因素就相对重要性进行两两比较，这种比较通过引入适当的标度，用数值表示出来，构成判断矩阵；将比较结果写成矩阵A为：

$$A=[a_{ij}]_{n \times n}$$

该矩阵是一个n阶互反性矩阵，其中$a_{ij}=1/a_{ji}$。

④计算权重。建立判断矩阵，求出各因素的权重值。用方根法计算出各矩阵的最大特征根γ_{max}，及其相对应的特征向量W，并用CR=CI/RI进行一致性检验。

第一步，计算每一行列元素乘积W_i

$$W_i = \prod_{j=1}^{m} u_{ij}(i, j=1, 2, \cdots, m)$$

第二步，计算W_i的n次方根$\overline{W_i} = \sqrt[n]{W_i}$

第三步，对向量$\overline{W}=(\overline{W_1}, \overline{W_2}, \cdots, \overline{W_m})$做归一化处理或正规化处理。

$$a_{ij} = \overline{W_1} / (\sum_{j=1}^{m} \overline{W_j})$$

$A=(a_1, a_2, \cdots, a_m)$既为所求特征向量。

第四步，计算判断矩阵的最大特征根γ_{max}

$$\gamma_{max} = \frac{1}{m} \sum_{i=1}^{m} \frac{(TA)I}{a_i}$$

⑤一致性判断。通过构造的判断矩阵求出特征向量是否合理，对判断矩阵进行一致性和随机性检验。

$$CR=CI/RI$$

式中，CR为判断矩阵的随机一致性比率；CI为判断矩阵一致性指标。

$$CI=\frac{1}{m-1}(\gamma_{max}-m)$$

当CR<0.10时，认为判断矩阵的一致性是可以接受的，否则应对判断矩阵做适当修正。

（2）权重确定

根据上面所述权重计算方法及指标体系，应用层次分析法按步骤求出廊道空间选址指标体系中各层级指标的权重。宏观指数矩阵如表4-32所示。其中，A1为设施效能因素，A2为社会经济因素，W为权重。CR=CI/RI=0，通过一致性检验。

宏观指数矩阵

表4-32

宏观指数	A1	A2	W
A1	1	1/3	0.25
A2	3	1	0.75

微观指数矩阵如表4-33所示。其中，A3为生态环境敏感性，A4为建成环境约束性，W为权重。CR=CI/RI=0，通过一致性检验。

微观指数矩阵

表4-33

微观指数	A3	A4	W
A3	1	1/3	0.25
A4	3	1	0.75

目标层矩阵A2如表4-34所示。其中，A2为社会经济因素，B2为社会潜力，B3为经济潜力，W为权重。CR=CI/RI=0，通过一致性检验。

目标层矩阵A2

表4-34

A2	B2	B3	W
B2	1	2	0.66
B3	1/2	1	0.34

目标层矩阵A3如表4-35所示。其中，A3为生态环境敏感性，B4为工程地质，B5为水文地质，B6为地形地貌，W为权重。CR=CI/RI=0.037029895<0.1，通过一致性检验。

目标层矩阵A3

表4-35

A3	B4	B5	B6	W
B4	1	1/2	1/2	0.26
B5	2	1	2	0.54
B6	1/2	1/2	1	0.20

目标层矩阵A4如表4-36所示。其中，A4为建成环境约束性，B7为土地利用，B8为建成评价，*W*为权重。CR=CI/RI=0，通过一致性检验。

目标层矩阵A4　　　　　　　　　　　　　　表4-36

A4	B7	B8	*W*
B7	1	1	0.5
B8	1	1	0.5

制约层矩阵B1如表4-37所示。其中，B1为发展能力，C11为高速公路路网密度，C12为高速公路连通度指数，*W*为权重。CR=CI/RI=0，通过一致性检验。

制约层矩阵B1　　　　　　　　　　　　　　表4-37

B1	C11	C12	*W*
C11	1	1/3	0.25
C12	3	1	0.75

制约层矩阵B8如表4-38所示。其中，B8为建成评价，C81为居民建成区，C82为规划区范围，*W*为权重。CR=CI/RI=0，通过一致性检验。

制约层矩阵B8　　　　　　　　　　　　　　表4-38

B8	C81	C82	*W*
C81	1	2	0.5
C82	1/1	1	0.5

通过层次分析法可分别得到各层级的权重系数，从而最终计算出每个指标对宏观指数和微观指数的权重，即将每个指标对相应层级的权重乘以各层级对上一级的权重，得到最终结果，如表4-39所示。

廊道空间选址指标体系与各因子权重　　　　　　　　　　　表4-39

	目标层A	制约层B	指标层C	权重
宏观决策	设施效能因素（A1）	发展能力（B1）	高速公路路网密度C11	0.06
			高速公路连通度指数C12	0.19
	社会经济因素（A2）	社会潜力（B2）	人口分布密度C21	0.50
		经济潜力（B3）	人均GDP C31	0.25
微观选线	生态环境敏感性（A3）	工程地质（B4）	地质灾害易发区C41	0.15
		水文地质（B5）	水源地保护范围C51	0.24
		地形地貌（B6）	山体坡度C61	0.10
	建成环境约束性（A4）	土地利用（B7）	基本农田区域C71	0.25
		建成评价（B8）	居民建成区C81	0.13
			规划区范围C82	0.13

（四）量化指标赋值与目标指数计算

在量化指标体系中，主要利用两种方式对其进行赋值。其一为数据库赋值法，即利用现有系统地理数据库，对规划区内用地的不同属性进行赋值，利于用地的坡度、是否位于采空区、断裂带、是否位于居民建成区等，主要运用微观选线指标的赋值；其二为理想值赋值法，即通过理想值的选取，以理想值为基准，对规划区内各数据进行评价，使其成为量纲统一、标准一致的数值，主要运用于宏观决策指标。

1. 宏观决策

（1）高速公路路网密度

高速公路网密度选取"理想值赋值法"，以理想值为基准，建立4档评分标准。高速公路网密度较高的地区，廊道空间建设情况较好，发展潜力较高，因此，高速公路网密度越高评分越高。

（2）高速公路连通度指数

高速公路连通度指数选取"理想值赋值法"，以理想值为基准，建立4档评分标准。高速公路连通度较高的地区，廊道空间建设情况较好，发展潜力较高，因此，高速公路连通度指数越高评分越高。该项指标数据的获取需要通过重大基础设施识别与提取，得到公路网总路段数，以及路网节点总数。

（3）人口分布密度

高速公路网密度选取"理想值赋值法"，以理想值为基准，建立4档评分标准。廊道空间的选址应该倾向于人口分布密度高的地区，有利于廊道空间的供给与社会发展潜力相匹配。因此，人口分布密度高的地区评分也高。

（4）人均国内生产总值

人均国内生产总值选取"理想值赋值法"，以理想值为基准，建立4档评分标准。廊道空间的选址应该倾向于人均国内生产总值数值高的区间，有利于廊道空间的供给与社会经济发展达到平衡。因此，人均国内生产总值越高的地区评分越高。

2. 微观选线

（1）地质灾害易发区

地质灾害易发区选取"数据库赋值法"，按"是"或"否"的逻辑对指标赋值。廊道空间的选线应避开地质灾害易发区，以保证工程的安全性和稳定性。因此，用"0"表示在地质灾害易发区内，用"1"表示不在地质灾害易发区内。

（2）水源地保护范围

水源地保护范围选取"数据库赋值法"，按"是"或"否"的逻辑对指标赋值。廊道空间的选线应避开水源地保护区，避免工程的实施对水源保护带来负面影响。水源地范围按一级保护区设定，结合总体规划中制定的水源地保护范围，用"0"表示在水源地范围内，用"1"表示不在水源地范围内。

（3）山体坡度

山体坡度选取"理想值赋值法"，以理想值为基准，建立4档评分标准。廊道空间的选址应有一个合理的坡度区间，既满足廊道空间的自然排水，又符合交通设施的牵引能力，使得廊道空间工程的建设和运营最优。因此，"坡度"指标，在利用地理数据库的坡度分析功能后，坡度越大评分越低。

（4）基本农田区域

基本农田区域选取"数据库赋值法"，按"是"或"否"的逻辑对指标赋值。廊道空间的选线应避开基本农田区域，避免工程的实施对基本农田的侵占。因此，结合《土地利用总体规划》，基本农田区域评价指标用"0"表示在基本农田区域内，用"1"表示不在基本农田区域内。

（5）居民建成区

居民建成区选取"数据库赋值法"，按"是"或"否"的逻辑对指标赋值。廊道空间的选线应避开居民建成区。因此，结合城镇（局部村庄）的建设用地边界，用"0"表示在居民建成区内，用"1"表示不在居民建成区内。

（6）规划区范围

规划区范围选取"数据库赋值法"，按"是"或"否"的逻辑对指标赋值。廊道空间的选址应该尽可能避开城市规划区范围，以避免廊道空间运营与城市用地功能的冲突，并减小实施难度。规划区范围评价指标需要结合《土地利用总体规划》、城市总体规划等信息，用"0"表示在规划区范围内，用"1"表示不在规划区范围内（表4-40）。

赋值标准 表4-40

一级指标	二级指标	三级指标	赋值	划分标准	单位
设施效能因素	发展能力	高速公路路网密度	1.5	7~9	km/km²
			1	5~7	km/km²
			0.5	2~5	km/km²
			0	<2	km/km²
		高速公路连通度指数	1.5	>3	—
			1	1.6~3	—
			0.5	1~1.6	—
			0	<1	—
社会经济因素	社会潜力	人口分布密度	1.5	1.25~1.65	万人/km²
			1	1.05~1.25/1.65~1.85	万人/km²
			0.5	0.45~0.65/1.85~1.85	万人/km²
			0	<0.45/>1.85	万人/km²
	经济潜力	人均国内生产总值	1.5	>1.3	万美元/人
			1	1.3~0.9	万美元/人
			0.5	0.9~0.5	万美元/人
			0	<0.5	万美元/人
生态环境敏感性	工程地质	地质灾害易发区	0	范围内	—
			1	范围外	—
	水文地质	水源地范围	0	范围内	—
			1	范围外	—
	地形地貌	山体坡度	1.5	3″~8″	—
			1	8″~12″	—
			0.5	12″~20″	—
			0	>20″	—

续表

一级指标	二级指标	三级指标	赋值	划分标准	单位
建成环境约束性	土地利用	基本农田区域	0	范围内	—
			1	范围外	—
	建成评价	居民建成区	0	范围内	—
			1	范围外	—
		规划区范围	0	范围内	—
			1	范围外	—

3. 宏观指数与微观指数计算

廊道空间控制指标体系分为宏观决策和微观选线两个部分，因此，该指标体系中存在两个评价指数，即宏观指数和微观指数。选用权重修正法对各指数进行计算。

如果把廊道空间控制指标体系看作是一组变量按照一定规则组合后形成的新的评价等级，即

$$s=f(x_1, x_2, \cdots, x_n)$$

式中，s 为宏观指数（微观指数）；x_i（$i=1, 2, \cdots, n$）为变量值。

利用权重修正法计算目标指数：

$$s = \sum_{i=1}^{n} w_i x_i$$

式中，s 为宏观指数（微观指数）；w_i 为各变量对应的权重；x_i 为变量值。

由于廊道空间控制指标体系中有宏观指数和微观指数两个目标指数，且两者的结果需要叠加，得到最终廊道空间的评价结果，因此

$$\sum_{i=1}^{n} w_{ai} x_{ai} \quad \sum_{i=1}^{n} w_{bi} x_{bi}$$

式中，i 为廊道空间控制归一指数；w_{ai} 为宏观指数的权重；x_{ai} 为宏观指数的变量值。

四、城镇群重大基础设施用地指标

（一）战略性重大基础设施用地定额

战略性基础设施是更高层面在城镇群范围内布局的设施，设施服务具有跨区域性质，城镇群重大基础设施建设应统筹规划，从设计和施工方面节约用地，防止发生浪费现象。

1. 民用机场建设用地指标

机场用地内容包括飞行区、通信导航设备、航站综合区（包括生产辅助设施）、供油工程等，本指标仅提供飞行区和航站综合区用地面积等。

飞行区建设用地包括两近距跑道的升降带及其附属设施用地组成，指标建设用地应符合表4-41所示规定。

两近距跑道的升降带及其附属设施用地指标 表4-41

跑道长度（m）	跑道间距760（m）	跑道间距400（m）
3000	364.0	256.0
3200	386.0	270.8
3400	408.0	285.6
3600	430.0	300.4
3800	452.0	315.2

　　机场的航站综合区一般由空侧和陆侧组成，空侧指有航空器活动的机坪区，陆侧由航站楼区和综合保障设施区组成。建设用地指标应按表4-42所示规定执行。

航站综合区建设用地指标 表4-42

年旅客吞吐量（万人次）	航站综合区建设用地指标（hm²）		
	空侧	陆侧	
	机坪区	航站楼区	综合保障设施区
200~500	23.5~38.5	17.5~30.0	18.5~28.0
500~1500	38.5~57.0	30.0~50.0	28.0~35.0
1500~3000	57.0~120.0	50.0~120.0	35.0~60.0

2．港口建设用地指标

　　港口建设用地主要包括码头、库场、锚地、防波堤、停泊区、疏港公路等设施用地。不同泊位等级组合建设的通用码头，其用地指标采用不同泊位等级所对应指标之和。用地指标不应超过表4-43所示规定。

港口建设用地指标 表4-43

港口（码头）分类	泊位等级（万t）	单位用地指标	
		（hm²/泊位）	（亩/泊位）
集装箱	>10	42.8	642
	5~10	36.3~42.8	545~642
	2.5~5	22.6~36.3	339~545
	1~2.5	18.1~22.6	272~339
	≤1	<18.1	<272
散件杂货	>10	30.9	464
	5~10	27.8~30.9	417~464
	2.5~5	20.5~27.8	308~417
	1~2.5	18.5~20.5	278~308
	≤1	<18.5	<278

续表

港口（码头）分类	泊位等级（万t）	单位用地指标	
		（hm²/泊位）	（亩/泊位）
散货	>10	30.9	464
	5~10	27.8~30.9	417~464
	2.5~5	20.2~27.8	303~417
	1~2.5	16.8~20.2	252~303
	≤1	<16.8	<252
原油化工	>10	30.5	458
	5~10	28.3~30.5	425~458
	2.5~5	20.2~28.3	303~425
	1~2.5	16.1~20.2	242~303
	≤1	<16.1	<242

3. 电力设施建设用地指标

超高压变电站站区用地指标不应超过表4-44所示规定。

750kV·A、1000kV·A变电站技术条件及站区用地基本指标　　　　表4-44

技术条件（最终规模）				基本指标（hm²）
主变容量（MW·A）	高压电抗器	出线规模	接线形式	
3×2100 每组变压器8组无功补偿装置	750kV9回 330kV13回	6组	750kV一个半接线 330kV一个半接线	16.75
4×3000	1000kV10回 500kV12回	10组	1000kV一个半接线 500kV一个半接线	18.76

4. 油气设施建设用地指标

原油管道站场分为输油首站、中间站、输油末站。站场建设用地指标不宜超过表4-45所示规定。

原油管道站场建设用地指标　　　　表4-45

类别名称		规模（mm）	用地面积（m²）	罐容量每增减1×10⁴m³ 用地增减值（m²）
原油管道站场	首站	500<DN<800 罐区总容量24×10⁴m³	140000	2000
		DN≥800 罐区总容量30×10⁴m³	160000	1500

续表

类别名称		规模（mm）	用地面积（m²）	罐容量每增减1×10⁴m³ 用地增减值（m²）
原油管道 站场	中间站	500≤DN<800	23000	—
		DN≥800	27500	—
	分输站	500≤DN<800	7500	—
		DN≥800	10000	—
	末站	500≤DN<800　装火车、管输供用户型罐区总容量38×10⁴m³	189000	2000
		装船、装火车、管输供用户型罐区总容量48×10⁴m³	228000	2000
		DN≥800　装船、管输供用户型罐区总容量100×10⁴m³	282000	2000
	维修队	500≤DN<800	10000	—
		DN≥800	12000	—

注：维（抢）修队建设用地包括综合办公楼、车库、维修间、库房、料棚、演练场、洗车区及变配电间、锅炉房的占地。

成品油管道站场分为输油首站、中间站、输油末站。建设用地指标不宜超过表4-46所示规定。

成品油管道建设用地指标　　　　　　　　　　　　　　　　　　表4-46

类别名称		规模（mm）	用地面积（m²）	罐容量每增减1×10⁴m³ 用地增减值（m²）
成品油管 道站场	首站	500<DN<800 罐区总容量20×10⁴m³	115000	2500
		DN≥800 罐区总容量24×10⁴m³	130000	2000
	分输站	500≤DN<800	12800	—
		DN≥800	14500	—
		500<DN<800	8500	—
		DN≥800	10000	—
	末站	500≤DN<800罐区总容量15×10⁴m³	103000	500
		DN≥800罐区总容量19×10⁴m³	120000	400
	维修队	500≤DN<800	10000	—
		DN≥800	11500	—

5. 燃气工程建设用地标准

天然气管道站场分为输气首站、中间站、末站，其建设用地指标不应大于表4-47所示规定。

天然气管道站场建设用地指标　　　　　表4-47

类别名称		规模（mm）	用地面积（m²）	罐容量每增减1×10⁴m³ 用地增减值（m²）
天然气管道站场	不加压首站	$DN<300$	6000	—
		$300 \leqslant DN < 500$	8000	—
		$500 \leqslant DN < 800$	12000	—
		$DN \geqslant 800$	15000	—
		放空区	400	—
	加压首站、中间压气站	$DN<300$	18000	2000
		$300 \leqslant DN < 500$	20000	2000
		$500 \leqslant DN < 800$	22000	2500
		$DN \geqslant 800$	24000	2500
		放空区	400	—
	末站、分输站	$DN<300$	5000	—
		$300 \leqslant DN < 500$	6000	—
		$500 \leqslant DN < 800$	7000	—
		$DN \geqslant 800$	8000	—
		放空区	400	—
	维（抢）修队	$DN<300$	7000	—
		$300 \leqslant DN < 500$	8000	—
		$500 \leqslant DN < 800$	9000	—
		$DN \geqslant 800$	10000	—

（二）支撑性重大基础设施用地定额

1. 新建客运专线铁路综合建设用地指标

新建客运专线铁路综合建设用地指标参照表4-48执行。

新建客运专线铁路综合建设用地指标　　　　　表4-48

牵引种类		电力（hm²/km）		
地形类型		平原	丘陵	山区
设计速度（km/h）	$300 < V \leqslant 350$	3.6731	4.7403	5.0460
	$200 < V \leqslant 250$	4.1407	5.9116	6.0535

　　注：①铁路等级：旅客列车设计行车速度200~350km/h的客运专线铁路。
　　　　②牵引种类：电力。

2. 新建客运专线铁路车站建设用地指标

新建客运专线铁路车站建设用地指标参照表4-49执行。

车站建设用地指标　　　　　　　　　　　　　　　　　表4-49

类型		面积（hm²）
大型站	5台11线	25.245~36.805
	15台29线	133.402
特大型站	16台30线	94.406
	22台42线	121.91

3. 公路工程建设用地指标

公路项目建设用地总体指标为公路用地范围内的路基、桥涵、隧道、交叉、防护、沿线设施等用地面积，但不包括辅道、支线的用地面积。高速公路和一级公路分别在不同地形类别（Ⅰ类、Ⅱ类、Ⅲ类地形）上的用地不应超过表4-50所示规定。

公路项目建设用地总体指标　　　　　　　　　　　　　　表4-50

参数项	高速公路			一级公路	
	八车道	六车道	四车道	六车道	四车道
Ⅰ类地形区高速公路、一级公路工程项目建设用地总体指标（hm²/km）					
路基	41~42	32~34.5	24.5~28	32~33.5	23~26
指标	8.53~8.65	7.61~7.83	6.78~7.13	6.25~6.39	5.32~5.60
Ⅱ类地形区高速公路、一级公路工程项目建设用地总体指标（hm²/km）					
路基	34.5~42	28~33.5	24.5~26	26~33.5	23~24.5
指标	8.46~9.30	7.59~8.37	7.22~7.41	6.14~6.97	5.84~5.99
Ⅲ类地形区高速公路、一级公路工程项目建设用地总体指标（hm²/km）					
路基	—	32~33.5	24.5~26	—	23~26
指标	—	8.82~8.89	7.82~7.65	—	6.60~6.82

4. 立体交叉和天桥用地指标

一般互通式立体交叉分为单喇叭形、双喇叭形、半苜蓿叶形、菱形四类；枢纽互通式立体交叉分为Y形、Ⅰ形、Ⅱ形、Ⅲ形、Ⅳ形、Ⅴ形。用地指标符合表4-51、表4-52规定。

枢纽互通式立体交叉用地指标（hm²/座）　　　　　　　　表4-51

立交形式	Y形	Ⅰ形	Ⅱ形	Ⅲ形	Ⅳ形	Ⅴ形
立叉肢数	三肢	四肢	四肢	四肢	四肢	四肢
用地指标	46.33	50.66	54.00	56.66	65.33	46.66

分离式立体交叉和天桥用地指标（hm²/座）　　　表4-52

交叉类别	地形类别	被交叉公路长度	被交叉公路宽度	用地指标
分离式立体交叉	Ⅰ、Ⅱ类	700	12	1.896
	Ⅲ类	500	10	1.269
天桥	Ⅰ、Ⅱ类	700	6	1.536
	Ⅲ类	500	6	1.097

5. 500kV变电站站区用地指标

500kV变电站站区用地指标不应超过表4-53所示规定。

500kV变电站技术条件及站区用地基本指标　　　表4-53

技术条件（最终规模）				基本指标（hm²）
主变容量（MW·A）	高压电抗器	出线规模	接线形式	
4×750（1000_x000B）主变横穿进串	2组	500kV8回 220kV16回	500kV一个半接线 220kV双母线双分段接线	4.34

6. 支撑性燃气设施用地指标

支撑性燃气设施用地指标主要包括天然气门站、天然气储配站、天然气调压站等。建设用地指标建议符合表4-54所示规定。

燃气设施建设用地指标　　　表4-54

设施类型	用地面积（m²）		
天然气门站	10000		
天然气储配站（罐站）	10000/万m³储罐容积		
天然气调压站	一级调压站	二级调压站	三级调压站
高压A调压站	1500～3500	2000～4200	2100～4400
高压B调压站	1400～2400	1800～3000	—

（三）保障性重大基础设施用地定额

石油储备库按生产区、辅助生产区、库外管道、行政管理区分区布置。石油储备库应按照现行有关国家标准规定进行总平面布置，建设用地指标不宜大于表4-55所示规定。

地上石油储备库建设用地指标　　　表4-55

设施名称及规模	设施内主要工程内容	用地面积（m²）
80×10⁴m³罐区	8座10×10⁴m³浮顶油罐、防火堤、环状消防道路、管带等	143000
120×10⁴m³罐区	8座15×10⁴m³浮顶油罐、防火堤、环状消防道路管带等	207000
40×10⁴m³罐区	4座10×10⁴m³浮顶油罐、防火堤、含3侧消防道路、管带等	69000

续表

设施名称及规模	设施内主要工程内容	用地面积（m²）
$60 \times 10^4 m^3$罐区	4座$15 \times 10^4 m^3$浮顶油罐、防火堤、含3侧消防道路、管带等	99000
$5 \times 10^4 m^3$事故蓄油池	事故蓄油池、消防道路等	35000
$7 \times 10^4 m^3$事故蓄油池	事故蓄油池、消防道路等	43000
油泵站	含6台输油泵及计量站	8000
清管站及阀组站	清管器接发设施、原油进库及外输管道阀组	6000
辅助生产区	消防泵房、消防站、变电所、配电间、维修间、器材库、锅炉房、化验室、污水处理设施等	55000

保障性燃气设施主要包括液化石油气基地、液化石油气瓶装供应站等。建设用地指标建议符合表4-56所示规定。

燃气设施建设用地指标　　　　　　表4-56

设施类型	用地面积（m²）	
液化石油气基地	按1hm²/万t年供应能力计算	
液化石油气瓶装供应站	供应站	3000
	配送站	1300
	供应点	600

本章注释

[1] Yusak O. Susilo, Ryuichi Kitamura. Structural changes in commuters daily travel: The case of auto and transit commuters in the Osaka metropolitan area of Japan, 1980-2000[J]. Transportation Research Part A, 2008(42): 95-115.

[2] Dargay J M, Clark S. The determinants of long distance travel in Great Britain[J]. Transportation Research Part A, 2012(46): 576-587.

[3] Carr Smith Corradino. Southeast Florida Regional Travel Characteristics Study Executive Summary Report[R]. Florida 2000.

[4] Khandker M. Nurul Habib, Nicholas Day. An investigation of commuting trip timing and mode choice in the Greater Toronto Area: Application of a joint discrete-continuous model[J]. Transportation Research Part A, 2009(43): 639-653.

[5] 黄建中. 1980年代以来我国特大城市居民出行特征分析［J］. 城市规划学刊, 2005（3）: 71-76.

[6] 彭辉, 付慧敏. 北京郑州运输通道内旅客出行的特征［J］. 长安大学学报, 2005, 25（6）: 66-70.

[7] 颜敏. 城市居民出行距离影响因素研究［D］. 成都: 西南交通大学, 2008.

[8] 郭华, 马艳. 基于我国城市群交通结构特征的城市铁路发展策略［J］. 交通标准化, 2005（2/3）.

[9] 陆建, 王炜. 城市居民出行时耗特征分析研究［J］. 公路交通科技, 2004（10）: 102-105.

[10] 解利剑, 周素红. 区域一体化下的广州市居民城际通勤特征分析［J］. 城市观察, 2010（4）: 85-94.

[11] 周钱，陆化普，徐薇．城市居民出行特性比较分析［J］．中南公路工程，2007，32（1）：145-150.

[12] 宋程．我国三大城市圈主要城市居民出行特征比较分析［J］．交通与运输，2010（7）：1-4.

[13] 李军，朱顺应，等．长株潭城市群城际与城内客运出行特征［J］．交通科技，Serial，2006（6）：69-73.

[14] 方楷，王炜，陆建．我国组团城市居民出行时耗特征分析［J］．交通运输工程与信息学报，2005（2）：92-97.

[15] 李娟，石建军，吴子啸．组团式城市居民出行特征变化趋势分析［J］．交通运输工程与信息学报，2008（4）：69-74.

[16] Feng Xuesong, Zhang Junyi, Fujiwara Akimasa. A travel demand prediction model with feedback for Jabodetabek metropolitan area, Indonesia[C]//5th International Conference on Traffic and Transportation Studies, ICTTS, Xi'an, August 2, 2006.

[17] "feedback" in travel demand model - Application in New York Metropolitan area[C]//2nd International Conference on Traffic and Transportation Studies, ICTTS, Beijing, July 31, 2000.

[18] Enjian Yao, Takayuki Morikawa. A study of an integrated intercity travel demand model [J]. Transportation Research Part A, 2005(39)：367-381.

[19] Chandra R. Bhat, Sujit K. Singh. A comprehensive daily activity-travel generation model system for workers [J]. Transportation Research Part A, 2000(34): 1-22.

[20] Dong Zhi, Wu Bing, Li Linbo. The Analysis of Transportation Demand Generation Mechanisms of the Urban Agglomerations in China[C]//ICCTP 2009.

[21] 陆化普，王建伟，陈明．城际快速轨道交通客流预测方法研究［J］．土木工程学报，2003（1）．

[22] 王树盛．都市圈轨道交通客流预测理论及方法研究［D］．南京：东南大学，2004.

[23] 钟绍林．城际快速轨道交通客流预测方法研究［J］．铁道运输与经济，2007（5）．

[24] 张伟，顾朝林．城市与区域规划模型系统［M］．南京：东南大学出版社，2000.

[25] 崔东旭，刘兆德．山东省城市竞争力空间差异及其影响因素的初步研究［J］．城市发展研究，2007（3）．

[26] 张萍，严以新，许长新．港口吞吐量的内在影响因素提取［J］．中国港湾建设，2006（6）．

[27] 高丹．重力模型在客运专线客运量预测中的应用［D］．成都：西南交通大学，2011.

[28] 李斌，许立民，秦奋，等．基于重力模型的河南省公路客流空间运输联系［J］．经济地理，2010，30（6）．

[29] 唐相龙，李志刚，赵艳梅．基于引力模型的陇南市对外交通发展研究［J］．兰州交通大学学报（自然科学版），2007，26（3）．

[30] 刘奕，贾元华，税常峰．基于引力模型的城际交通网络布局规划方法研究［J］．人文地理，2011（6）．

[31] H.B.普拉金夫．枢纽内各种运输方式的协调［M］．北京：中国铁道出版社，1988.

[32] 斯卡洛夫．城市交通枢纽的发展［M］．北京：中国建筑工业出版社，1982.

[33] Marianov V, Serra D. Location of hubs in a competitiveenvironment[J]. European Journal of Operational Research, 1999 (3): 63-71.

[34] Harry T. Dimitriou. A development approach to urban transport Planning[M]. Athenaeum Press Ltd.

Gateshead，tyne& Wear，1995.

[35] Mark C. Walkek. Planning and designing of on street light rail transit stations[J]. Transportation Research Record，1361：3-9.

[36] 加腾晃，竹内传史. 城市交通和城市规划［M］. 江西省城市规划研究所译. 南昌：江西省城市规划研究所，1979.

[37] Eiichi Taniguehi，Michihiko Noritake，et al. Optimal size and location planning of public logistics terminals[J]. Transportation Research Part E35, 1999: 207~222.

[38] Sheffi Y. Urban Transportation Networks：Equilibrium analysis with mathematical program methods[J]. Englewood Cliffs：Prentice-Hall inc，1985.

[39] Snehamay，khasnabis. Landuse & transit integration and transit use incentives[J]. Transportation research board，Washington，DC，1997.

[40] Martins C L. Search strategies for the feeder bus network design[J]. European Journal of Operational Research，1998(4)：25-44.

[41] Meyer R. John，Kain F，John. The urban transportation Problem[M]. Cambridge Harvard University Press，1965.

[42] 席庆，霍娅敏. 交通运输枢纽中的客运站点布局问题的研究［J］. 西南交通大学学报，1999，34（3）：374-378.

[43] 袁虹，陆化普. 综合交通枢纽布局规划模型与方法研究［J］. 公路交通科技，2001，18（3）：101-105.

[44] LV Shen，TianFeng. Layout Planning method for urban Passenger intermodal transfer points in cluster cities[J]. Journal of Traffic and Transportation Engineering，2007, 7(4): 98-103.

[45] Li Ming，LI Xuhong. Research on layout of passenger transit hub based on urban TOD development pattern[J]. Journal of Highway and Transportation Research and DeveloPment，2006，23(11)：100-104.

[46] 李得伟，韩宝明. 城市综合交通一体化枢纽布设研究［J］. 综合运输，2006（3）：60~63.

[47] 晏启鹏，高世廉. 公路客运枢纽系统运营模拟. 西南交通大学学报，2000，35（1）：40-43.

[48] Kerchowskas K，Sen A. Park-and-ride planning manual[R]. no.DOT/RSPA/DPB/50-78/11. University of Illinois，Chicago，Illinois；1977.

[49] Parkhurst G. Link-and-ride：a longer-range strategy for car-bus interchange：This month's contributors[J]. Traffic engineering & control，2000，41(8)：319-324.

[50] Bilal Farhan，Alan T. Murray. Siting park-and-ride facilities using a multi-objective spatial optimization model[J]. Computers & Operations Research，2008(35): 445-456.

[51] Kepaptsoglou Konstantinos1，Karlaftis Matthew G，Li Zongzhi. Optimizing Pricing Policies in Park-and-Ride Facilities：A Model and Decision Support System with Application [J]. Journal of Transportation Systems Engineering and Information Technology，2010, 110(5).

[52] Parkhurst G. Influence of bus-based park and ride facilities on users' car traffic[J]. Transport Policy，2000(7)：159-172.

[53] Stuart Meek，Stephen Ison，Marcus Enoch. Evaluating alternative concepts of bus-based park and ride[J]. Transport Policy，2011(18)456-467.

[54] Horowitz，Alan. Statewide travel forecasting mod-els；A synthesis of highway practice[J]. NCHRPSysthesis 358，National Cooperative Highway Re-search Program，Washington，DC：Transportation Research Board，2006.

[55] 陈必壮，张天然. 中国城市交通调查与模型现状及发展趋势［J］. 城市交通，2015，13（5）：73-79.

[56] 陈先龙. 中国城市交通模型现状问题探讨［J］. 城市交通，2016，4（2）.

[57] 毛敏. 广州至珠海城际快速轨道交通客流预测［J］. 西南交通大学学报，2001，39（2）.

[58] 翟串梅. 西安都市圈城际轨道交通客流预测［D］. 西安：西安建筑科技大学，2009.

[59] Zhang Lei，Frank Southworth，Chenfeng Xiong，et al. Methodological options and data sources for the development of long-distance passenger travel demand models：A comprehensive review[J]. Transport Reviews：A Transnational Transdisciplinary Journal，2012, 32(4)：399-433.

[60] Fravel Fredcric D，Reyes Barboza，Jason Quan，et al. Toolkit for estimating demand for rural intercity bus services[J]. TCRP Report 147，Transit Cooperative Research Program，Washington，DC：Transportation Research Board of the National Academies，2011.

[61] Ding Dong, Zhou Yu. The prediction model of inter-city passenger train volume based on grey system theory[C]. ICTE 2011.

[62] Yao Enjian，Takayuki Morikawa. A study of an integrated intercity travel demand model[J]. Transportation Research Part A，2005(39)：367-381.

[63] Feng Xuesong，Zhang Junyi，Fujiwara Akimasa. A travel demand prediction model with feedback for Ja-bodetabek metropolitan area, Indonesia[C]. 5th In-ternational Conference on Traffic and Transportation Studies，ICTTS，Xi'an，2006.

[64] 陈彦光. 空间相互作用模型的形式、量纲和局域性问题探讨［J］. 北京大学学报（自然科学版），45（2）：333-338.

[65] 刘奕，贾元华，税常峰. 基于引力模型的城际交通网络布局规划方法研究［J］. 人文地理，2011（6）：127-132.

[66] 李晓晖，肖荣波，廖远涛，等. 同城化下广佛区域发展的问题与规划对策探讨［J］. 城市发展研究，2010（12）：77-83.

[67] 王德，宋煜，沈迟，等. 同城化发展战略的实施进程回顾［J］. 城市规划学刊，2009（4）：74-78.

[68] 黄鑫昊. 同城化理论研究与实践［D］. 长春：吉林大学，2013.

[69] 陈晓红，李城固. 我国城市化与城乡一体化研究［J］. 城市发展研究，2004，11（2）：41-44.

[70] 袁奇峰. 同城化背景下广佛的挑战与机遇［J］. 城市观察，2010（Z1）：173-177.

[71] 韩红. 金融支持与城市经济一体化发展实证研究——以郑汴洛城市经济一体化为例［J］. 城市发展研究，2009，16（4）：97-100.

[72] 刑铭. 沈抚同城化建设的若干思考［J］. 城市规划，2007（10）：52-56.

[73] 谢俊贵，刘丽敏. 同城化的社会功能分析及社会规划试点［J］. 广州大学学报（社会科学版），2009（8）：24-28.

[74] 广州市城市规划编制研究中心广佛同城化项目组. 城镇密集地区城市规划合作的探索与实践——以"广佛同城"为例［J］. 规划师，2010，26（9）：47-52.

[75]　赵英魁，张建军，王丽丹，等. 沈抚同城区域协作探索—以沈抚同城化规划为例［J］. 城市规划，2010，34（3）：85-88.

[76]　VaddepalliS. An analysis of characteristics of long and short commuters in the United States[EB/OL]. (2011-12-10) [2011-12-30]. http：usf.catalog.fcla.edu/sf.jsp? st =SF001469423＆ix =nu.

[77]　Dargay J M，Clark S. The determinants of long distance travel in Great britain[J]. Transportation Research Part A，2012(46)：576-587.

[78]　彭辉，付慧敏. 北京郑州运输通道内旅客出行的特征［J］. 长安大学学报，2005（6）：66-70.

[79]　香港规划署. 北往南来［R/OL］. 香港：香港规划署，2011. www.pland.gov.hk/pland_tc/p_study/comp_s/nbsb2011/index.html.

[80]　侯雪，刘苏，张文新，等. 高铁影响下的京津城际出行行为研究［J］. 经济地理，2011（9）：1573，1579.

[81]　李军，朱顺应，李安勋，等. 长株潭城市群城际与城内客运出行特征［J］. 交通科技，2006（6）：69-72.

[82]　解利剑，周素红. 区域一体化下的广州市居民城际通勤特征分析［J］. 城市观察，2010（4）：85-93.

[83]　赵渺希，王世福，张小星. 基于地铁出行的广佛城市功能联系研究［J］. 华南理工大学学报（自然科学版），2012（6）：152-158.

[84]　王世福，赵渺希. 广佛市民地铁跨城活动的空间分析［J］. 城市规划学刊，2012（4）：23-29.

第五章　山东半岛城镇群重大基础设施规划

一、国内外典型城镇群基础设施规划

（一）珠江三角洲基础设施建设一体化规划

1．规划概况

《珠江三角洲基础设施建设一体化规划（2009—2020年）》清除制约珠三角基础设施一体化进程的体制障碍，以交通一体化为先导，依托科技创新和管理创新，突破行政界限，统筹规划布局，整合各类资源，省市联手加快推进珠三角基础设施建设一体化，建立和完善重大基础设施一体化体系，并加强与粤东西北、港澳以及泛珠三角其他区域的衔接，在更高层次、更广范围、更大空间发挥交通、能源、水资源、信息等基础设施对社会经济的支撑和带动作用，为加快珠三角区域经济一体化进程，在珠三角率先基本实现现代化奠定良好的发展基础。

以枢纽型、功能性、网络化的重大基础设施建设为重点，建设形成能力充分、衔接顺畅、运行高效、服务优质、安全环保的珠三角现代基础设施一体化体系，构建珠三角1h城市圈。

规划提出：推进交通基础设施建设一体化、推进能源基础设施建设一体化、推进水资源基础设施建设一体化、推进信息基础设施建设一体化、推进粤港澳基础设施更加密切合作。

2．借鉴启示

①统一规划轨道交通网。注重综合交通枢纽规划，要求各市按规划为交通枢纽和通道建设预留足够的发展空间，并加强控制；注重运输服务一体化，加快高速公路电子联网收费，减少高速公路主线收费；注重完善体制机制，提出要按照"先行先试"要求，打破行政区划限制，研究相关政策，加大改革力度，从体制机制上保障一体化实施效果；注重信息技术应用，采取信息化、智能化技术，建立交通一体化公用信息平台，筹划省级智能交通系统建设。

②统筹规划布局区域内重大能源基础设施。推进油、气、电输送网络一体化建设。优化能源结构，建设大型核电及装备基地，推进风能、太阳能等新能源利用和产业园区建设。统筹区域电力平衡，合理布局骨干支撑电源，发展热电冷联供和清洁煤发电，研究提出区内天然气调峰机组建设方案。多渠道开拓天然气资源，加快建设连接覆盖珠三角所有地市的珠三角主干管道内外环网。推动能源管理一体化，能源项目污染物排放总量实施区域内总体平衡、统一区内能源资源调配，推进由省级天然气管网公司统一承接天然气资源并向各地市燃气管网和大用户供气。

③推进水资源调度管理一体化，实现资源共管。统一规划建设区域水资源开发利用和保护基础设施，逐步形成区域内共同保护和开发利用水资源的管理机制，实现一定区域内水资

源统一调度配置、水量水质一体化监控、水文测报自动化和决策管理一体化，促进实现水资源基础设施的共享共建共管。

④珠三角地区要根据国家促进"三网融合"的政策方针和工作部署，统一相关规范和标准，积极推进通信网、广播电视网和互联网的高速互联以及业务应用的融合，在珠三角地区率先实现"三网融合"。从以下四方面内容来推进这项工作：一是以广东省一直推进的数字家庭为切入点，在有条件的地区积极开展"三网融合"的商用试点，探索融合模式，将珠三角打造成"全国三网融合"和数字家庭产业发展的示范区，率先实现"三网融合"。二是促进技术发展，向下一代网络演进，形成开展IPv6（互联网协议第6版本）、软交换、新一代移动通信网、下一代互联网、智能传感网等技术的研发和应用。三是通过以客户需求为驱动的业务开发和创新来带动信息网络接入与终端的物理融合。关注和研究客户需求，驱动和促进"三网"新业务的开发和创新，逐步推动多业务接入终端和家庭网关，打造数字家庭。选择有条件的地区，开放接入网络建设管理，率先在珠三角数字家庭试点地区的接入网建设上实施"三网融合"。四是通过构建开放式产业合作平台促进"三网融合"机制建立。不仅要组织"三网融合"提供商和服务运营商等加入数字家庭产业联盟，通过构建开放式产业合作平台，推动"三网"运营商在宽带接入网络、公共网关和家庭内部网络等方面开展合作，还要不断推进基于新技术的信息网络和"三网融合"的实验、试商用和商用平台的建设，促进"三网融合"机制的建立。

（二）长江三角洲城镇群基础设施规划

1. 规划概况

长江三角洲城市群在国家现代化建设大局和全方位开放格局中具有举足轻重的战略地位。在基础设施建设方面，积极统筹交通、信息、能源、水利等基础设施的建设，构建布局合理、功能完善、安全高效的基础设施网络。

在综合交通网络方面，构筑以轨道交通为主的综合交通网络：一是完善城际综合交通网络，建设以高速铁路、城际铁路、高速公路和长江黄金水道为主通道的多层次综合交通网络，提高城际铁路、高等级公路对城镇的覆盖水平，提升高速公路、高等级航道的客货运能力；二是提升综合交通枢纽辐射能力，着力打造多层级的综合交通枢纽，推进客货运枢纽、物流园区、长三角现代化港口群以及多层级机场体系建设；三是加快打造都市圈交通网，建设上海城市轨道交通网，构建各都市圈同城化交通网、都市圈城际铁路（市域铁路）；四是畅通对外综合运输通道，为协调长三角城市群对外通道建设，推动长江黄金水道及长三角高等级航道网、沿江高速铁路以及沿海铁路建设；五是提升运输服务能力与水平，强化客运服务能力，发展水铁、公铁、空铁和江河海联运，强化信息资源整合，实现城市群交通信息互通共享。

在信息网络方面，一是实现高速网络普遍覆盖，加快建设覆盖区域、辐射周边、服务全国、联系亚太、面向世界的下一代信息基础设施，完善区域网络布局，加快通信枢纽和骨干网建设，加快互联网国际出入口带宽扩容，加快实现无线局域网在热点区域和重点线路全覆盖；二是率先建成智慧城市群，推动电子政务平台跨部门跨城市横向对接和数据共享，加强政府与互联网企业合作，推广大数据、云计算和物联网应用；三是促进跨区域信息安全联防联控，加强智慧城市网络安全管理，积极建设"京沪干线"量子通信工程，推动量子通信技术在上海、合肥、芜湖等城市的使用，完善跨网络、跨行业、跨部门、跨省市的应急联动机制，积极建设合肥等异地数据灾备中心；四是稳步降费完善普惠信息服务，增强电信企业服务能力，多措并举实现电信资费合理下降，鼓励电信企业逐步取消城市群异地移动电话漫游通话资费，实现通信一体化和电信市场一体化。

在能源方面，一是调整优化能源结构和布局，布局大型液化天然气接收、储运及贸易基地，建设国家级液化天然气储运基地，优化天然气使用方式，优化炼油产业结构和布局，统筹新炼厂建设与既有炼厂升级改造，集约化发展炼油加工产业，积极开发利用清洁能源；二是推进能源基础设施互联互通，完善长三角主干网架结构，加快区际、区内石油管网建设，完善天然气主干管网布局，加快天然气管网互联互通，推动完善沿长江清洁能源供应通道建设，加快建设长三角大型煤炭储配基地；三是加快能源利用方式变革，降低能源消费强度，加强能源消费总量控制，推动建筑用能绿色化发展，强化工业领域节能。

在水资源方面，一是提升水资源保障能力，按照"节水优先"的要求，大力推进灌溉区改造、雨洪资源利用等节约水、涵养水的工程，强化重大引提调水工程建设，强化饮用水水源地保护，加大应急备用水源工程建设力度，实施管网互联互通工程；二是完善防洪防潮减灾综合体系，加强防灾减灾综合能力建设，提高应对各种灾害和突发事件的能力，加强沿海、沿江、环湖、沿河城市堤防和沿海平原骨干排涝工程建设。

2. 实践概况

在交通网络方面，2018年11月11日，连接上海市金山区与浙江省嘉兴市的叶新公路（朱枫公路—浙江省界）新建工程正式开工。继青浦区首条"打通省界断头路"项目盈淀路通车后，金山区叶新公路的开工预示着长三角交通基础设施"互联互通"又向前迈进一步。今后，叶新公路（朱枫公路—浙江省界）的通车，可有效改善上海向西对接浙江的通道偏少的现状，缓解亭枫公路的交通压力，有利于将枫泾-嘉善打造成沪浙毗邻地区发展示范区。另外，长三角也打造了强大的轨道交通网，到2018年底，长三角已建成的高铁线路共有20条，苏南和浙江除舟山（楼盘）以及安徽的大部分城市开通了高铁。正在建的线路有9条，主要集中在苏北和安徽境内，规划中的线路有16条，属于"八纵八横"的线路有5条。目前，沪苏湖高速铁路也在建设当中，这是一条连接上海和湖州的城际铁路，2019年通车之后，从湖州到上海虹桥仅需30min。2018年1月16日，江苏盐城—南通的盐通高速铁路正式开工建设，届时，从盐城到南通仅需约40min，到上海将缩短到1h左右，以杭州市为中心，杭州市区至湖、嘉、绍三地市区的"半小时高铁圈"也即将形成。

在信息网络方面，长三角正纵深挺进。在2016年6月1日举行的长三角地区主要领导座谈会上，长三角"三省一市"政府与中国电信、中国移动、中国联通、中国铁塔签署了《5G先试先用推动长三角数字经济率先发展战略合作》框架协议，各方将围绕连接、枢纽、计算、感知等信息基础设施建设开展广泛深入的战略合作。依据《长江三角洲城市群发展规划》要求，到2021年，中国电信、中国移动、中国联通、中国铁塔将在长三角累计投入资金超过2000亿元，对标国际最高标准、最好水平，建设以5G为引领的新一代信息基础设施，将把长三角建成全国乃至全球5G网络和应用先试先用的地区之一，信息基础设施能级比肩全球主要城市群。

3．借鉴启示

①建设跨江大桥克服隔江而造成的交通不畅的困难。长三角城市群从公路时代走向大桥时代、高铁时代，城市群域的城市"同城效应"日益显著。长三角区域相继建成沪宁、沪杭、杭宁、同三国道等高速公路，杭州湾大桥和苏通大桥贯通，沪崇启大桥、上海空港和海港建设，虹桥综合交通枢纽规划和建设、浦东铁路等沿海大通道系列工程、高等级内河航道网建设等，为实现长三角区域内联动提供了便捷。原先的合肥、南京、上海、杭州、宁波等核心城市形成的"Z"形发展格局正在发生新的变化。

②新一代信息基础设施协同布局。率先开展5G应用示范，完成全国首个跨省四城5G视频通话互联，发布新型城域物联网专网建设导则，长三角各城市运营商基础网络完成IPv6改造，新一代信息基础设施建设及应用持续提速。智慧城市重点应用不断拓展。将以提升长三角群众感受度和满意度为导向，实现区域空气质量预报数据及太湖流域、长江口、杭州湾污染数据共享，推进航运物流信息共享互通，实现高速ETC畅行，推进跨省市异地就医实时结算。工业互联网建设合作趋于紧密。工业互联网标识解析国家顶级节点（上海）正式上线，浙江华峰、上汽集团、中科云谷、上海核工院等一批工业互联网标识解析二级节点建设正式启动，推动"长三角百万企业上云上平台"，核电、船舶、新材料等重点行业的工业互联网企业应用加快部署，G60科创走廊启动工业互联网协同创新工程等，共同构筑工业互联网平台集群联动体系。

③调整优化能源结构和布局，完善区域能源主干网架结构，降低能源消费强度。同时，强化饮用水水源地的保护，实施管网互联互通工程，建立江河水、水库水和海水淡化"互济"的供水保障体系；构筑绿色发展新空间，打造宁杭生态经济发展带，协同推进崇明世界级生态岛建设，积极参与长江生态廊道、淮河生态经济带的建设。

（三）京津冀协同发展交通一体化规划

1．基本概况

京津冀城市群包括北京、天津，以及河北的石家庄、张家口、秦皇岛、唐山、保定、廊坊、邢台、邯郸、衡水、沧州、承德共13个城市。

2．规划概况

扎实推进京津冀地区交通的网络化布局、智能化管理和一体化服务，到2020年基本形成多节点、网格状的区域交通网络。

（1）构建"四纵四横一环"主骨架

京津冀地区将以现有通道格局为基础，着眼于打造区域城镇发展主轴，促进城市间互联互通，推进"单中心放射状"通道格局向"四纵四横一环"网络化格局转变。

"四纵"即沿海通道、京沪通道、京九通道、京承—京广通道，"四横"即秦承张通道、京秦—京张通道、津保通道和石沧通道，"一环"即首都地区环线通道。

根据《京津冀协同发展交通一体化规划》，到2020年，多节点、网格状的区域交通网络基本形成，城际铁路主骨架基本建成，公路网络完善通畅，港口群、机场群整体服务、交通智能化、运营管理力争达到国际先进水平，基本建成安全可靠、便捷高效、经济适用、绿色环保的综合交通运输体系，形成京津石中心城区与新城、卫星城之间的"1小时通勤圈"，京津保唐"1h交通圈"，相邻城市间基本实现1.5h通达。到2030年形成"安全、便捷、高效、绿色、经济"的一体化综合交通运输体系。

（2）打造交通一体化

京津冀地区将以"四纵四横一环"综合运输大通道为主骨架，重点完成8项任务。

一是建设高效密集轨道交通网。强化干线铁路与城际铁路、城市轨道交通的高效衔接，着力打造"轨道上的京津冀"。

二是完善便捷通畅公路交通网。加快推进首都地区环线等区域内国家高速公路建设，打通国家高速公路"断头路"。全面消除跨区域国省干线"瓶颈路段"；以环京津贫困地区为重点，实施农村公路提级改造、安保和危桥改造工程。

三是构建现代化的津冀港口群。加强津冀沿海港口规划与建设的协调，推进区域航道、锚地、引航灯资源的共享共用，鼓励津冀两地港口企业跨行政区投资、建设、经营码头设施。

四是打造国际一流的航空枢纽。形成以枢纽机场为龙头、分工合作、优势互补、协调发展的世界级航空机场群。

五是发展公交优先的城市交通。优化城市道路网，加强微循环和支路网建设；推进城市公共交通场站和换乘枢纽建设，推广设置潮汐车道，试点设置合乘车道。

六是提升交通智能化管理水平。绘制京津冀智能交通"一张蓝图"，打造交通运输信息共享交换"一个平台"，推动城市常规公交、轨道、出租汽车等交通"一卡通"，实现交通运输监管应急"一张网"。

七是实现区域一体化运输服务。推动综合客运枢纽、货运枢纽（物流园区）等运输节点设施建设，加强干线铁路、城际铁路、干线公路、机场与城市轨道、地面公交、市郊铁路等设施的有机衔接，实现"零距离换乘"。鼓励"内陆无水港""公路港"和"飞地港"建设。

八是发展安全绿色可持续交通。统一京津冀地区机动车注册登记、通行政策、排放标准、老旧车辆提前报废及黄标车限行等政策。

3. 借鉴启示

京津冀交通一体化发展的重要意义：一是构建一体化交通为京津冀协同发展提供支撑，二是提升运输服务为打造世界级城市群提供保障，三是推进改革创新为全国交通发展提供示范，四是发展绿色交通为生态环境保护提供助力。

把交通一体化作为先行领域，实现规划同图、建设同步、运输衔接、管理协同。加强国务院有关部委和三省市联动，在京津冀协同发展领导小组领导下，统筹协调解决交通运输领域的重大问题。

此外，完善交通一体化相关政策，除新建机场外，对纳入规划的建设项目视同立项，并与铁路、公路、港口等中长期专项规划衔接后调整纳入。积极探讨建立三省市对城际铁路、城际客运等建设资金、运营补贴的分担机制；充分发挥价格杠杆作用，引导不同运输方式协调发展，形成合理运输结构。

在创新投资、融资模式方面，探索建立促进社会资本参与交通基础设施建设与运营的合作机制，通过投资主体一体化带动区域交通一体化。为尽快缩小河北交通运输公共服务水平与京津的差距，对河北省交通建设给予特殊政策支持。

（四）德国莱茵–鲁尔城市群轨道交通体系规划

1．建设现状

德国莱茵-鲁尔城市群具有非常发达的交通运输网络，现已形成完善的以轨道交通为骨干的区域公共交通运输体系，它的形成与发展对于莱茵-鲁尔地区具有深远意义。虽然我们的城市化水平与其相比还有一定的距离，但在莱茵-鲁尔地区可以找到我国城市群未来公共交通体系的发展方向。

作为该区公交体系骨干的轨道交通，主要包括ICE（超快列车）、IC（城市特快）、EC（欧洲城市特快）、IR（区际列车）、RE（区域快车）、RB（区域列车）、S-bahn（市郊车）、U-bahn〔地铁和室内轨道交通（有悬挂式轨道交通（schwebebahn）、市内有轨电车（straBenbahn）和空中列车（skytrain）〕。

（1）从不同的层次对该区轨道交通进行系统分析

该区的轨道交通体系按其连接功能分为三个层次。

第一个层次，由ICE、IC、EC、IR构成。前三者属于高级快速列车，它们主要运行于国内至国际大城市之间，其主要面对的是商人和旅游者，且票价不菲。而IR是来衔接ICE、EC或IC的，它们都属于长途列车。对于莱茵-鲁尔地区这个国际性城市密集的地区来说，这几种轨道交通方式有着重要的作用。

第二个层次，由RE、RB、S-Bahn构成，这三者是短途列车，属于区域快速列车。鲁尔区的城市密集，高速列车的速度提不上去，而区域快车的速度也不慢，价格也合适。而且在该区以短距离交通为主，这个层次就成为短途通勤的主要承担者，从而构成了该区域轨道交通的基本框架。

在距城市中心15km以外的轨道交通以上面这两个层次为骨干。

第三个层次，由U-bahn和市内有轨电车（HBahn、StraBenbahn/Tram、Schwebebahn、SkyTrain）构成，它们主要在市内运行，站距短，发车频率高，U-bahn在高峰时段的发车间隔可达2.5min。在一个区域完整的轨道交通系统中，城市地铁和城市有轨电车起着基础性的衔接作用，它是对前两个层次的补充。

在距市中心5km范围内的轨道交通则以这个层次为主。

（2）莱茵-鲁尔地区以轨道交通为骨干的完善的公交体系

该区轨道交通与其他公共交通方式有机结合构成了该区以轨道交通为骨干的完善的公共交通运输体系。

轨道交通与当地的公共交通有机衔接，换乘非常方便。该区市内公共汽车主要包括快速长距离公交SB（SchnellBus）、CE（City Express,）、无轨电车（Niederflur Stra Benbahn）、公共汽车Omnibus（类似于我们的大巴）及O-bus等。

在该区综合公交体系中，轨道交通、公共汽车、出租车等都是整个系统的一个组成部分，其中轨道交通作为整个系统的骨架，承载大运量的客运交通出行，公共汽车主要作为辅助交通工具，完善补充轨道交通路网覆盖的不足。

2．借鉴启示

当前我国城市公共交通结构较为单一，基本依靠地面交通，交通堵塞情况严重，在分析了莱茵-鲁尔地区的轨道交通体系后，改善国内城市交通状况最行之有效的办法就是发展有层次、立体化、大运量的快速轨道交通系统，充分发挥公共交通的优势。以下几方面是我们以后进行区域轨道交通建设时可以借鉴的。

（1）建立协调机构

莱茵-鲁尔整个区域的轨道交通由莱茵-鲁尔交通联盟VRR（VerkehrsverbundRhein-Ruhr）来统一协调管理。它的职能介于政府和营运公司之间，这样的协调机构可以使区域轨道交通的规划建设、管理更加科学、合理、合法，而且整个区域轨道交通的运营也更加高效。

目前在我国，交通规划、管理和政策上实行一体化，设置更高一级的交通一体化管理机构，建立高效的协调机构非常必要。

（2）轨道交通形式多样化

多样化的轨道交通能够满足不同乘客的不同需求，这样才有可能吸引更多的乘客选择轨道交通出行。快速轨道交通系统作为一种城市可持续发展的交通模式，它应该担当起区域公交体系的骨干作用，只有实现多样化才可以将乘客从个人交通吸引到公共交通，真正发挥公共交通的优势。

（3）一票通用制及票种多样化

莱茵-鲁尔地区的公共交通系统实行一票通用制，且票种多样化，针对不同人群推出不同系列的优惠票种，这最大限度地方便了乘客乘车及换乘。目前在我国，轨道交通、公共汽车以及其他各种公交方式、线路间不能使用通票制度，从而使得换乘过程复杂化，且现有的票种单一，没有针对老人、儿童、残障人士、外来游客等的特殊票务，给乘客带来很多不便，使得我们的公共交通失去吸引力。

（4）轨道交通与公交线网一起编制

轨道交通作为区域公交系统的主骨架，承载大运量的客运交通出行，公共汽车主要作为辅助交通工具，它是对轨道交通功能的延伸，完善补充轨道交通路网覆盖的不足。因此，轨道交通与公交线网应该有机地衔接在一起。轨道交通与公交线网一起编制，这在国外已有成功的先例，这在我国也有很重要的借鉴意义。

（5）树立城市交通一体化的思想

我国有些城市的轨道交通规划，通常仅局限于轨道交通系统本身，缺乏城市交通一体化的观念，忽视了轨道交通与常规公交的接驳和换乘，致使一些轨道交通项目在建成若干年后，其运量只相当于一条常规公交线路的运量，教训极其深刻。

轨道交通系统是城市公交的骨干，但它并不能完全取代常规公交，而且只有与常规公交相衔接，才能充分发挥其骨干作用，两者之间应该是相互补充、协调配套的关系。我们必须树立城市交通一体化的思想，处理好轨道交通与城市其他交通模式之间的关系。

（五）东京都市圈轨道交通系统

1. 圈层结构

东京都市圈交通系统呈明显的圈层结构，由中心城依次向外可以分为4层[1]。最内层是东京的中心城，其轨道交通系统主要由地铁、新型交通（单轨、自动导轨、电车）和市郊铁路、铁路干线构成；次内层是东京的卫星城圈层和远郊区圈层，即东京都和东京都市圈，其轨道交通系统主要由放射状的地铁外延线、山手环线、郊区铁路以及穿越的铁路干线构成；距离市中心50～100km范围的是首都圈，首都圈及以外的圈层其轨道交通系统主要是由日本国家铁路和新干线构成[2]。

2. 系统特点

东京都市圈在发达且完善的轨道交通系统基础上，构建了由核心城市、节点城市、副中心、新城、新镇等组成的层级合理、梯度有序、衔接顺畅的开放结构。

（1）对外轨道交通系统

东京都市圈对外轨道交通系统主要是新干线系统，其由东北新干线、东海道新干线、上越新干线和中央新干线（在建）构成的反K字形系统，总长度约540km。新干线站距30～50km，运营速度135～240km/h，线网密度1.5km/100km[3]。新干线系统将日本三大都市圈（东京都市圈、京阪神都市圈、名古屋都市圈）紧密联系起来，形成了以东京为核心、辐射全国、连通各地的全国性轨道交通网络。

（2）区域轨道交通系统

东京都市圈的区域轨道交通系统由日本国家铁路、私营铁路构成，主要承担都市圈内的城镇间及远郊区的交通联系，其线网结构呈多环加放射状。各圈层射线均大于25条，且利用一定的切向线路将放射线与环向线路进行局部联络，提高线网可靠性和分布均衡性。区域性线路总长度达到2368km，占都市圈轨道交通总里程的76%，站距为5～15km，运营速度60～90km/h，线网密度6.6km/100km2[3]。区域性轨道交通系统主要服务都市圈内的节点城市、新城到东京市中心的通勤客流，构成了城际联系的主轴，促进了东京世界级城市群的形成和发展。

（3）城市轨道交通系统

东京城市轨道交通系统主要由地铁和深入市区的日本国家铁路与私人铁路构成，两者总长466km[4]。地铁密布于市中心区承担市内客运，系统包括13条线路、278个站点，总长304km，时速约60km。轨道交通站点及各线路相交的换乘节点星罗棋布，地铁平均站距1km左右，许多站点已实行不出站换乘[5]，并且东京绝大部分地铁线路直接与通往郊区的私人铁路连接。

3. 借鉴启示

东京都市圈轨道交通的建设属于"追随需求型"，经历过非常艰苦的时期。由于经济高速发展，轨道建设经历了需求剧增以及建设时机的双重困难，因此规划必须有前瞻性。

东京都市圈轨道交通系统功能合理、结构清晰、衔接顺畅。新干线服务对外联系，连通日本主要城市，站距大，速度快，站点深入市中心，与城市轨道无缝多线换乘；区域轨道交通服务都市圈内通勤客流，线网密度高、速度较快、快慢线多交路运营，促进了都市圈内各城市交流和联系，形成同城化区域；地铁系统服务中心城区，站点密、运量大、服务质量高，维持中心城区的高效、可持续运行，提高中心城市活力，辐射带动整体区域发展。

二、山东半岛城镇群范围

山东半岛城镇群位于环渤海地区南端，山东省东部，东、南临黄海，北濒渤海，西分别与东营、淄博、临沂相接。山东半岛城镇群是由青岛、烟台、潍坊、威海、日照5个设区城市组成。东西相距约410km，南北相距约90km，面积是52433km²，占山东省总面积的33.4%。

三、山东半岛城镇群概况

（一）人口规模

2013年，山东半岛城镇群5个设区下辖18个区、24个县和县级市、259个街道、284个乡镇，总人口3070万，约占山东省总人口的31.68%，人口密度588人/km²，略低于全省620人/km²。

2013年，山东半岛城镇群城镇人口1804.33万，城镇化水平达到58.52%，分别比山东省、全国城镇化水平高4.77%和4.79%（图5-1）。

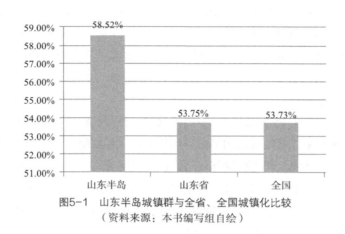

图5-1 山东半岛城镇群与全省、全国城镇化比较
（资料来源：本书编写组自绘）

（二）城镇体系

2013年，山东半岛城镇群超过300万人口的城市1个，为青岛市；100万~300万人口的城市2个，分别为烟台市、潍坊市；50万~100万人口的城市2个，分别为威海市、日照市；20万~50万人口的城市18个，分别是胶州市、即墨市、平度市、莱西市、荣成市、乳山市、青州市、诸城市、寿光市、安丘市、高密市、昌乐县城、临朐县城、龙口市、莱阳市、莱州市、蓬莱市、海阳市；低于20万人口的城镇约为280个，包括招远、栖霞、昌邑、五莲、莒县、长岛以及其余城镇（表5-1）。

山东半岛城镇群城镇规模　　　　　　　　　　　　　　　　表5-1

城镇规模（万人）	数量（个）	城镇
＞300	1	青岛
100~300	2	烟台、潍坊
50~100	2	威海、日照
20~50	18	胶州、即墨、平度、莱西、荣成、乳山、青州、诸城、寿光、安丘、高密、昌乐、临朐、龙口、莱阳、莱州、蓬莱、海阳
＜20	280	招远、栖霞、昌邑、五莲、莒县、长岛以及其余城镇

（三）经济产业

山东半岛城镇群属于山东省经济发达地区。2013年，山东半岛城镇群国内生产总值达到22091.02亿元，比上年增长8.9%，占山东省国内生产总值的40.4%。人均国内生产总值为71643元，比山东省平均水平高20259元。

山东半岛城镇群第一产业增加值1541.41亿元，占国内生产总值的6.98%；第二产业增加值11111.19亿元，占国内生产总值的50.30%；第三产业增加值9438.4亿元，占国内生产总值的42.72%。山东半岛城镇群三次产业比例为6.98∶50.30∶42.72。

四、山东半岛城镇群重大基础设施综合效能评估

（一）投资效益分析

从山东半岛城镇群基础设施固定资产投资额占国内生产总值比重来看，在2008~2010年达到峰值，这与国家整体经济形势的变化相关（表5-2）。山东半岛城镇群整体上看，基础设施投资水平较低。

2001~2012年城镇群基础设施固定资产投资额占国内生产总值比重（%）　　　表5-2

	2001	2002	2003	2004	2005	2006	2007	2008	2009	2010	2011	2012
山东半岛	1.08	1.27	1.66	1.73	1.81	1.60	1.36	1.21	1.69	2.07	1.62	0.28

从山东半岛城镇群人均基础设施固定投资额上来看，山东半岛城镇群人均基础设施投资水平相对较低，在2009年后才有显著提高，发展较为滞后（表5-3）。

2001~2012年城镇群人均基础设施固定资产投资额　　　表5-3

	2001	2002	2003	2004	2005	2006	2007	2008	2009	2010	2011	2012
山东半岛	157	208	319	403	507	529	529	556	831	1174	1050	201

山东半岛城镇群人均固定资产投资与城镇群发展水平相关分析　　　表5-4

		城镇化率	失业率	人均国内生产总值	人均当年利用外资总额	人均客运次数	人均移动电话数	互联网人口比例	工业污水排放达标率	二氧化硫排放比例	工业烟尘排放比例
山东半岛	N	12	12	12	12	12	11	11	10	10	10
	Pears on 相关性	0.690*	−0.608*	0.580*	−0.149	0.646*	0.941**	0.956**	−0.014	−0.624	−0.532
	显著性（双侧）	0.027	0.036	0.048	0.644	0.023	0	0	0.97	0.054	0.113
	N	10	12	12	12	12	11	11	10	10	10
	N	12	12	12	12	12	11	11	10	10	10

注：**表示在0.01水平（双侧）上显著相关，*表示在0.05水平（双侧）上显著相关。

从相关结果来看（表5-4），山东半岛城镇群发展水平表征指标与人均固定资产投资指标均显著相关，但对投资拉动作用很小，说明基础设施建设尚处在初步阶段。

（二）供给效率比较

1. 基础设施现状

（1）交通设施

1）航空。

山东半岛城镇群现有民用机场5个，其中运输机场4个，青岛流亭机场、烟台莱山机场、威海大水泊机场、潍坊南苑机场；通用机场1个，蓬莱通用机场。旅客集疏运方式仍以私人小汽车、出租车、机场巴士等路面交通为主。

山东半岛城镇群的民航机场客货运输量呈现不同的发展特点。其中，青岛机场为枢纽机场，2014年客运量达到1600万人次以上，且呈稳定增长的趋势；烟台机场为干线机场，2014年客运量达到400万人次以上，近年增长有加速趋势；威海机场和潍坊机场波动较大，其中威海机场客运量减少了50%，而潍坊机场客运量增加了接近两倍（表5-5）。

2014年山东半岛城市群民航机场吞吐量排名　　　　表5-5

机场	旅客吞吐量（人次）				货邮吞吐量（t）			
	全国排名	2014年	2013年	增减（%）	全国排名	2014	2013	增减（%）
青岛	14	16411789	14516669	13.1	14	204419.4	186196	9.8
烟台	41	4305822	3635467	18.4	38	38603.3	45319	-14.8
威海	88	548306	1145846	-52.1	76	2656.0	5684	-53.3
潍坊	107	394293	133815	194.7	47	18670.9	16579	12.6

资料来源：中国民用航空局（http://www.caac.gov.cn/）2014年民航机场业务量统计数据。

2）港口。

山东半岛城镇群拥有2500多km海岸线，占山东省海岸线总长度的80%以上。目前，青岛港、烟台港、日照港为主要港口，威海港为地区性重要港口，潍坊港为一般港口。其中，形成了青岛港前湾港区、黄岛港区，烟台港芝罘湾港区、龙口港区，日照港石臼港区、岚山港区等规模化港区。2013年4个港口完成吞吐量11.81亿t（表5-6）。

山东半岛城镇群2013年港口吞吐量（kt）　　　　表5-6

港口名称	2005	2010	2011	2012	2013
青岛港	186785	350121	372297	414658	457825
烟台港	45060	150327	180293	243453	286800
日照港	84208	225967	252603	283870	318085
威海港	15317	24072	30025	62000	70007
总计	384010	864210	961880	1066554	1181370

资料来源：山东省统计年鉴。

3）陆路。

山东半岛城镇群目前拥有由铁路和公路组成的较完善的陆路交通网络。其中，青岛与潍坊之间有胶济客运专线、胶济铁路、济青高速公路、青兰高速公路、国道308、国道309。潍坊北部与烟台、威海之间有大莱龙铁路、桃威铁路、荣乌高速公路、潍莱高速公路、国道G228、国道G206。日照是鲁南城镇带主要的出海口，目前主要疏港交通有菏兖日铁路、日兰高速公路、国道G518。

青烟威日综合运输通道纵贯山东省东部沿海，对外对接辽宁、江苏两省，也是国家南北沿海运输大通道的组成部分，目前有蓝烟、胶新铁路、青烟威荣城际铁路、沈海高速公路、威青高速公路、国道G204、国道G228、国道G517等线路（表5-7）。

山东半岛城镇群各城市公路交通状况　　　　　　　　　　　　　表5-7

地区	公路里程（km）	等级公路里程（km）	二级及二级以上公路合计（km）	高速公路里程（km）	晴雨通车里程（km）	公路密度（km/100km²）
全省总计	252785	251424	39596	4994	252066	161
青岛市	16270	16261	4124	729	16270	147
烟台市	17024	17024	4059	507	17024	124
潍坊市	25225	25225	4393	428	25225	164
威海市	7060	7060	1732	125	7060	122
日照市	8153	8153	1477	163	8153	152

在建或建成的客货共运的铁路包括龙烟铁路、黄大铁路、青连铁路、德大铁路、胶济铁路、蓝烟铁路、新菏兖日线、桃威铁路、海青铁路、益羊铁路、山西中南部至日照港铁路通道。

四等站以上的站点共有57个，其中特等站2个，一等站7个，二等站9个，三等站24个，四等站15个（表5-8）。

山东半岛城镇群主要铁路站　　　　　　　　　　　　　表5-8

车站名称	车站等级	车站性质	车站名称	车站等级	车站性质
青岛北站	特等站	客运站	娄山站	二等	货运站
青岛站	特等站	客货运站	四方站	二等	货运站
黄岛站	一等	货运站	胶州站	二等	客货运站
蓝村站	一等	客货运站	潍坊东站	二等	货运站
青岛西站	一等	编组站	青州站	二等	客运站
烟台站	一等	客货运站	高密站	二等	客货运站
潍坊站	一等	客货运站	昌乐站	二等	客货运站
威海站	一等	客货运站	文登站	二等	客货运站
日照站	一等	客货运站	日照西站	二等	客运站

（2）能源设施

1）电力。

山东半岛城镇群现有海阳核电站一座，现规划共有6台100kW级AP1000核电机组，一期工程为2台125万kW机组，二期2台125万kW核电机组计划于2025年投运；2030年再扩建2台核电机组，最终实现总容量6台125万kW核电机组的建设规模。现有500kV出线6回，2回至500kV崂山站，2回至500kV大泽站，2回至500kV莱阳站。山东半岛城镇群现有±660kV胶东直流换流站1座，500kV变电站13座，其中潍坊市4座，日照市1座，青岛市3座，烟台市4座，威海市1座。

2）燃气设施。

目前，山东半岛城镇群的长输管线主要有：中石化的济青线、胶日线、胶莱线，中石油的泰青威线、胶日线，中海油的龙烟威管线。具体三大公司长输管线（山东半岛）设计输气量见各公司官网。到2013年底，山东半岛城镇群城市共建成天然气城镇高压管网595km，次高压管网771km，中压管网8555.67km。

到2013年底，山东半岛城镇群五城市共建成天然气门站62座，高压调压计量站23座，CNG（压缩天然气）汽车加气站288座，LNG（液化天然气）加气站10座，LPG（液化石油气）储配站724座。

（3）信息设施

目前，山东半岛城镇群大型信息基础设施是中国科学院高性能计算环境青岛分中心暨中国科学院海洋研究所高性能计算中心（以下简称"青岛分中心"），该中心是中国科学院高性能计算环境三层计算网格的中间层，青岛分中心的建设工作经过各方的共同努力已经基本完成。

青岛分中心高性能计算环境采用集群结构，拥有72个计算节点，1152个计算核心，每核心配置3GB以上内存，峰值计算能力10万亿次/s；拥有100TB存储能力。集群72个计算节点通过20Gb Infiniband网络互联；使用8个IO节点连接SAN存储；同时使用千兆以太网作为管理网络。计算网格节点部署也同时完成，成为中国科学院高性能计算网格的一部分。集群LINPACK测试效率为81.8%，在同类集群中属较高水平。集群温度控制采用水冷方式，在满足对高度刀片集群进行降温的同时，减少了占地空间，降低了机房噪声，节约了能源。

2. 供给效率分析

（1）输入指标及数据来源

根据数据可得性和连续性，山东半岛城镇群基础设施现状与规划供给效率比较中，主要从交通、能源等支撑性设施进行效率评估。

1）交通设施。

高速公路指标采用里程、路网密度。现状高速公路里程通过山东半岛城镇群影像图测量得出。高速公路路网密度涉及高速公路里程、城镇群面积两个指标，城镇群面积也通过影像图测量得出。规划高速公路里程、路网密度，主要是依据《山东半岛城镇群基础设施规划（2014—2030）》中高速公路里程测算得出。

铁路客运专线指标采用里程、路网密度。现状铁路客运专线里程通过山东半岛影像图测量得出。铁路客运专线路网密度涉及铁路客运专线里程、城镇群面积两个指标，城镇群面积也通过影像图测量得出。规划铁路客运专线里程、路网密度，主要是依据《山东半岛城镇群基础设施规划（2014—2030）》中铁路里程测算得到。

2）能源设施。

能源设施主要包括燃气和电力设施。

燃气指标采用LNG供气能力和LNG站数。现状和规划数据均来自《山东半岛城镇群基础设施规划（2014—2030）》中燃气设施现状和规划。

电力设施采用变电容量和500kV变电站数量。现状和规划数据均来自《山东半岛城镇群基础设施规划（2014—2030）》中电力设施现状和规划。

（2）输出指标及数据来源

输出指标采用国内生产总值和人均国内生产总值。现状数据来自《山东省统计年鉴》（2014）中半岛5个城市国内生产总值、常住人口，人均国内生产总值是依据国内生产总值和常住人口计算得出。

规划数据国内生产总值采用趋势外推法测算得出，常住人口来自《山东半岛城镇群基础设施规划（2014—2030）》城镇规模预测，人均国内生产总值依据规划中国内生产总值、常住人口测算得出。

山东半岛城镇群基础设施供给效率采用数据包络分析中的C2R模型，具体计算运用城镇群基础设施效能评估软件，得到山东半岛城镇群现状与规划供给效率的测度结果。

1）交通设施。

①高速公路。山东半岛城镇群高速公路现状供给效率是0.5314，其中投入类指标中里程、路网密度冗余值大于0，产出类2个指标的不足值均大于0，即现状供给效率没有达到有效值1是由于城镇群高速公路供给与需求的共同影响。由此可见，现状中山东半岛城镇群高速公路建设超前，高速公路建设规模超过了城镇群社会经济发展需求，继而高速公路对城镇群社会经济促进作用尚未发挥出来（表5-9）。

<table>
<tr><td colspan="5">山东半岛城镇群高速公路现状供给效率</td><td>表5-9</td></tr>
<tr><td colspan="3">投入冗余值</td><td colspan="2">产出不足值</td><td rowspan="2">效率值</td></tr>
<tr><td>S-1</td><td>S-2</td><td>S-3</td><td>S+1</td><td>S+2</td></tr>
<tr><td>87.71</td><td>1.68×10^{-3}</td><td>0</td><td>3398.58</td><td>1.22×10^{-11}</td><td>0.5314</td></tr>
</table>

②铁路客运专线。山东半岛城镇群铁路客运专线现状供给效率是1，投入冗余之和产出不足值均为0，说明与规划相比，现状中山东半岛城镇群客运专线供给是有效的，即现状中山东半岛城镇群客运专线供需相匹配，客运专线得到充分利用且取得了最大的产出效果（表5-10）。

<table>
<tr><td colspan="5">山东半岛城镇群客运专线现状供给效率</td><td>表5-10</td></tr>
<tr><td colspan="3">投入冗余值</td><td colspan="2">产出冗余值</td><td rowspan="2">效率值</td></tr>
<tr><td>S-1</td><td>S-2</td><td>S-3</td><td>S+1</td><td>S+2</td></tr>
<tr><td>0</td><td>0</td><td>0</td><td>0</td><td>0</td><td>1</td></tr>
</table>

2）能源设施。

①燃气。山东半岛城镇群燃气现状供给效率是1，投入冗余值和产出不足值均为0，说明与规划相比，现状中山东半岛城镇群燃气供给是有效的，现状中山东半岛城镇群燃气设施供需相匹配，燃气设施得到充分利用且取得了最大的产出效果（表5-11）。

山东半岛城镇群燃气设施现状供给效率　　　表5-11

投入冗余值		产出不足值		效率值
S-1	S-2	S+1	S+2	
0	0	0	0	1

②电力。山东半岛城镇群电力设施现状供给效率是0.7350，其中投入冗余值与产出不足值均大于0，即现状供给效率没有达到有效值1，原因是城镇群电力设施供给与需求的共同影响。投入冗余值大于0的是500kV变电站数量，说明现状中山东半岛城镇群500kV变电站建设较为发达；产出不足值大于0的是国内生产总值，即与电力设施建设规模相比，山东半岛城镇群社会经济规模偏小，现状中山东半岛城镇群500kV变电站基本可以满足城镇群社会经济发展需求（表5-12）。

山东半岛城镇群电力设施现状供给效率　　　表5-12

投入冗余值		产出不足值		效率值
S-1	S-2	S+1	S+2	
0	1.1526	3398.58	0	0.7350

（3）分析比较

山东半岛城镇群各类支撑性设施现状供给效率　　　表5-13

高速公路	客运专线	燃气	电力
0.5314	1	1	0.7350

通过对山东半岛城镇群现状与规划支撑性基础设施供给效率做比较，支撑性基础设施可以分为2类：

规划比现状高效——山东半岛城镇群高速公路和电力设施属于此类型。

现状比规划高效——山东半岛城镇群客运专线和燃气设施属于此类型。

基于未来城镇群发展预判，规划中大量增加了客运专线和燃气设施，但是由于基础设施建设规模性和效益滞后性，在规划期限内，客运专线和燃气设施效益尚未充分发挥，对城镇群社会经济拉动作用尚未全面显现出来。

基础设施规划供给效率值另外一个贡献是判断规划方案是否合理的标准。对于规划供给效率低的，需要对规划方案进行重新审视。依据规划供给效率值及低效松弛变量，首先判断半岛城镇群客运专线和燃气设施低效是否合理；其次，判断山东半岛城镇群客运专线和燃气设施供给效率低效是由于供给还是需求原因；最后判断客运专线和燃气设施低效是由于设施规模还是设施布局所致。

（三）空间效应评估

1．空间效应范围

通过对山东半岛城镇群90m和10m的DEM空间数据的坡度分析，提取了坡度大于20%的区域，并以1000m为半径进行聚合，划定的连续陡坡地范围作为自然条件下的失效空间，总面积为9817km²。

依据《山东省城镇体系规划（2011—2030）》中空间管制规划的相关内容，将地表水保护区、地下水保护区、森林公园等禁止建设区域确定为人工划定的失效空间，总面积为12131 km²。

将自然条件下和人工划定的两类失效空间进行合并，并扣除两者重叠区域面积4769km²后，失效空间为17179km²，有效空间为62686km²，其中包括42个县（区）级以上城市建成区面积4488.25km²。

2．空间效应与潜力

（1）山东半岛城镇群重大基础设施空间效应特征

1）综合评分与区域等级划分。

本书将交通、能源、信息等多类基础设施空间分析所得到的优势区，按照相应的效应权重进行叠加，利用空间分析函数工具的地图代数表达式进行计算，得到空间综合评价的总分。并以此为依据权重得分，划分大于0.7、0.3~0.7和小于0.3三个等级，分别为一级、二级、三级优势区。

2）区域等级空间面积。

从空间规模来看，其中一级优势区面积为16220.61km²，占有效空间的25.88%；二级优势区面积为9752.11km²，占有效空间的15.56%；三级优势区面积为26860.60km²，占有效空间的42.85%。

3）区域等级空间分布特征。

山东半岛城镇群的一级优势区域，为交通、能源、信息等基础设施都能够覆盖的区域，综合评价得分高，主要分布于青岛、烟台、潍坊、威海、日照市辖区的建成区。

山东半岛城镇群的二级优势区域，交通设施能够覆盖到和部分其他基础设施可以覆盖，综合评价得分相对较高，主要集中于大城市的近郊区，离大城市的距离相对较近。

山东半岛城镇群的三级优势区域，个别基础服务设施能够覆盖，综合评价得分比较低，主要分布于离城市较远的地区，许多重大基础设施也相对比较缺乏。

（2）基础设施布局与城镇群空间发展协调性

山东半岛城镇群设施空间效应一级优势区覆盖县（区）以上城市31个，占73.81%；二级优势区覆盖城市29个，占69.05%；三级优势区覆盖城市32个，占76.2%。

山东半岛城镇群空间效应一级优势区覆盖城市建成区2192.5km²，占建成区48.85%；二级优势区覆盖城市建成区617.48km²，占建成区13.76%；三级优势区覆盖城市建成区1531.62km²，占建成区34.13%（表5-14）。

基础设施空间效应对主要城市建成区覆盖情况　　　　　　　　　　　　　表5-14

		青岛	烟台	日照	潍坊	威海	合计
覆盖面积（km²）	一级优势区	781.82	327.31	173.06	662.04	248.27	2192.50
	二级优势区	114.38	131.25	105.52	111.76	154.57	1317.48
	三级优势区	327.10	660.27	174.13	195.99	174.13	1531.62
一级优势区覆盖率（%）		56.28	22.28	70.01	77.81	46.64	48.80

①从整体水平来看，山东半岛基础设施空间效应较好，基础设施空间效应覆盖建成区面积比例达75%，即绝大部分的建成区均在一定程度上受到基础设施的服务。

②从空间效应等级构成来看，一级优势区覆盖建成区总面积约50%，且多为大城市建成区，与城市发展相协同；但是由于二级优势区比重较低，有较大比重建成区处于基础设施空间效应三级优势区内，配置水平的空间不均衡影响到整体效应水平。

③从基础设施空间效应的分布来看，山东半岛城镇群的发展一级优势区域主要分布于离青岛、潍坊、烟台、威海、日照城市建成区较近的区域，其重大基础设施的服务水平相比于其他区域来说较高，交通比较方便，能源、电力等基础设施供应也相对齐全，相比于城区的偏远郊区其设施空间效应水平也呈现二元化特征。

（3）山东半岛城镇群空间发展潜力

通过比较城市建成区与城镇群基础设施一级优势区的空间关系，分析建成区外一级优势区的空间位置和规模，在基础设施配置的视角下，判断城市未来空间发展方向和潜力。

现状建成区外的一级优势区域主要分布在潍坊、青岛、日照、威海市辖区的建成区外围，其中潍坊和青岛的建成区外一级优势区沿潍坊、青岛之间的交通线路呈现带状分布，未来潍坊-青岛建成区将形成完整的带形结构。威海市辖区的建成区外一级优势区域，主要是威海市辖区的建成区外围面状区域，沿海部分向烟台方向略有延伸。日照市辖区的建成区外一级优势区相比于潍坊、青岛、威海来说面积较小，整体以日照市辖区的建成区为中心向外呈面状分布（表5-15）。

各城市建成区外基础设施空间效应一级优势区规模情况　　　　　　　　表5-15

	青岛	烟台	日照	潍坊	威海	合计
建成区外一级优势区面积（km²）	3432.29	260.86	841.22	7160.06	2333.66	14028.09
建成区面积（km²）	1389.06	1468.84	247.19	850.83	532.34	4488.26
建成区外一级优势区面积/建成区面积	2.47	0.18	3.40	8.42	4.38	3.13

山东半岛建成区外一级优势区域总面积14028.11km²，是建成区面积的3.13倍，由此可见，山东半岛城镇群城市空间发展潜力巨大。但是由于缺少有效布局规划，优势区分布相对分散，与城市发展战略不尽吻合，应当以构建基础设施廊道和重大设施枢纽为布局形式，完善设施布局，整合扩大优势区范围，形成合理的优势空间，为引导城市空间拓展和城镇群内部结构完善奠定基础。

五、山东半岛城镇群重大基础设施空间规划

（一）交通设施

1. 航空

结合山东省构建"三干+三支"民用运输机场的总体布局，规划迁建青岛机场定位为干线机场，主要开通国内旅游城市和东南亚国家的航线；新建烟台机场定位为干线机场，主要开通华东和华北地区相关城市的航线；迁建威海机场定位为支线机场，主要开通省内枢纽机场和周边中小城市的航线。

2. 水运

规划形成以青岛港为龙头，以烟台港、日照港为两翼，以威海港为补充的现代化港口群，建设成为东北亚物流枢纽和国际航运中心枢纽，打造丝绸之路重要大陆桥头堡和21世纪海上丝绸之路主要起点。

其中，青岛港将以国际集装箱干线运输为重点，全面发展原油、矿石、煤炭等大宗货物中转运输，为现代化的综合性国际大港，成为山东省建设东北亚国际航运中心和区域性国际物流中心的核心载体。

规划青岛港形成以胶州湾港口综合运输枢纽为核心，鳌山湾港区和董家口港区为两翼，地方小型港站、综合旅游港点为补充的多层次港口发展体系。

烟台港是国家综合运输体系的重要枢纽和沿海主要港口之一，山东半岛地区重要的国际化物流中心。规划烟台港形成芝罘湾港区、烟台港西港区、龙口港区三个规模化、专业化综合港区，服务于区域腹地经济发展；蓬莱东港区、莱州港区、海阳港区、栾家口港区等中小港区服务地方经济发展为主、适度发展的总体格局。

日照港由石臼和岚山两个港区组成，是国家综合运输体系的重要枢纽，我国沿海主要港口和"北煤南运"装船港之一，是日照市、山东省中南部及其腹地外贸物资、能源和原材料运输的重要口岸，将发展成为多功能的综合性港口。

威海港是山东省沿海地区性重要港口，是胶东半岛与辽东半岛海峡客滚运输的重要口岸和环渤海地区的集装箱喂给港。未来将主要为威海市经济发展服务，同时为与辽东半岛的海峡运输及对韩的客货滚装运输服务。

3. 陆路

山东半岛城镇群规划以青岛为核心的快速轨道网络和网络化的公路网络。

规划以青岛综合交通枢纽为核心，建设青岛—潍坊、青岛—烟台"V"字形通道和青岛—日照—潍坊—阳台—威海—青岛环形通道。具体包括建设济青高速铁路，扩容济青高速公路，进一步加强青岛与潍坊之间的联系；建设青岛—龙口高速公路，与现有铁路和公路，形成青岛—烟台通道；建设青连快速铁路、潍坊—日照城际铁路、青岛—荣成沿海城际铁路，形成快速铁路环线，建设潍坊—日照高速公路与既有线路形成高速公路环线。

另外，通过新建莱州—文登高速公路、蓬莱—栖霞高速公路，扩建国道G309、G518、G228、G517，加强半岛城镇群内部城镇的联系。

新建山西中南部铁路通道、岚山—菏泽铁路，提高日照港的疏港能力，加强日照与鲁南城镇带的联系。

（二）能源设施

1．天然气

规划未来天然气长输管线除“两横一纵一区域”外，远期可利用的还有中石化济青复线。

未来规划的气源除现状的几大气源外，3大石油公司在沿海建设4座LNG接收站为山东省解决了处于输气末端的难题。到2017年山东董家口LNG项目二期建成，中石油海上LNG接收站一期投产，中海油烟台LNG接收站投产，年供气能力约为149亿~186亿m^3；到2020年山东董家口LNG接收站三期建成，中石油海上LNG项目二期投产，中海油烟台LNG接收站二期投产，年供气能力为249亿~334亿m^3。

2．电力

根据负荷增长和分布，在适度发展高效燃煤机组的同时，积极接纳省外来电，加快建设特高压电网。

1000kV榆横—潍坊特高压交流工程（“北横”）：新建1000kV潍坊特高压变电站，主变容量2×300万kV·A；建设1000kV冀鲁边境—济南特高压站—潍坊特高压站双回特高压交流线路，新增线路长度728km（表5-16）。

±800kV呼盟—青州特高压直流工程：新建±800kV青州特高压直流换流站，换流容量800万kW；建设±800kV冀鲁边境—青州换流站特高压直流线路，新增线路长度179km。

烟台特高压交流输电工程：新建1000kV烟台特高压交流变电站，新增主变容量2×300万kV·A；建设1000kV烟台特高压站—济南特高压站双回、烟台特高压站—潍坊特高压站双回特高压交流线路，新增线路长度810km。

红石顶核电送出工程：新建1000kV核电站—烟台特高压站双回线路，新增线路长度120km。

山东第四核电送出工程：新建1000kV核电站—烟台特高压站双回线路，新增线路长度185km。

山东半岛城镇群特高压建设项目表伏变电站现状 **表5-16**

序号	项目名称	变电容量（MV·A）	线路长度（km）
1	1000kV榆横—潍坊特高压交流工程（线路为山东境内）	2×3000	728
2	±800kV呼盟—山东特高压直流工程	—	179
3	烟台特高压交流输变电工程（接入济南特高压2回，接入潍坊特高压2回）	2×3000	810
4	红石顶核电送出（接入烟台特高压2回）	—	120
5	山东第四核电送出（接入烟台特高压2回）	—	185

为满足特高压电网建设、核电等大型电源送出以及负荷增长需要，继续加强和完善500kV主网架建设，增加500kV变电站布点，优化完善网架结构。500kV电网结构将更加合理，电网输送能力和资源优化配置能力显著提升，安全运行能力和供电可靠性进一步提高，短路水平得到有效控制，能够满足负荷发展和电源建设的需要。

（三）基础设施廊道规划

1. 规划结构

规划构建"两横两纵"的基础设施廊道体系。具体实施过程中，做到统一规划、统一建设。

"两横"：分别为济青基础设施廊道和潍烟威基础设施廊道。

"两纵"：分别为青烟威日基础设施廊道和潍日基础设施廊道。

2. 济青基础设施廊道

该廊道东起青岛，西至潍坊市向西延伸至济南市，该廊道现有胶济客源专线、胶济铁路、济青高速公路、青兰高速公路和国道G308、G309以及济南—青岛天然气管道、济南—青岛成品油管道，青岛港作为航运枢纽沟通国内外海上运输网络，济南、青岛、潍坊机场作为航空枢纽沟通国内外空中运输网络。

规划期内，重点新建济青高速铁路，扩容济青高速公路、贯通青兰高速公路，改造国道G309；新建济南—青岛天然气管道复线，迁建青岛、潍坊机场；完善青岛港功能，形成国家级大能力快速客货运输通道，实现青岛与潍坊高速连接、沿线城镇快速客运服务，提升青岛港集疏运能力。

3. 潍烟威基础设施廊道

该廊道东起威海，经烟台至潍坊，位于半岛北部，是全省德龙烟威通道的主要组成部分，是蓝黄两区一体化发展的主要运输通道，也是环渤海地区重要的运输通道。

4. 青烟威日基础设施廊道

该廊道北起烟台、威海，经青岛，南至日照，纵贯山东省东部沿海，对外连接辽宁、江苏两省，是国家南北沿海运输通道的重要组成部分和山东省与日韩地区、辽中南城市群及东南沿海省份沟通连接的通道，也是半岛蓝色经济区海洋经济发展的主轴。

5. 潍日基础设施廊道

该廊道北起潍坊、南至日照，纵贯山东省中部，向北连接渤海、向南连接黄海。

（四）基础设施枢纽规划

1. 青岛

青岛是全国性综合交通枢纽，是东北亚重要的交通枢纽，面向日韩，沟通全球，辐射带动山东省东中部地区。

2. 烟台

该枢纽主要通过蓝烟铁路、德龙烟威快速铁路、青荣烟威城际铁路、济青高速铁路潍莱支线、荣乌高速公路、沈海高速公路、龙青高速公路等，以及烟台港、烟台蓬莱国际机场实现对外沟通联系。

3. 潍坊

该枢纽主要通过济青高速铁路及其潍莱支线，胶济客运专线、潍日城际铁路、胶济铁路，青银高速公路（G20）、潍日高速公路（G1815）和荣潍高速公路（S16）以及潍坊机场、潍坊港实现对外沟通联系。

4．威海

该枢纽主要通过德龙烟威快速铁路、青烟威荣城际铁路、荣成—青岛沿海城际铁路、荣乌高速公路（G18）、威青高速公路（G1813）等，以及威海港、威海机场实现对外沟通联系。

5．日照

该枢纽主要通过菏泽—日照城际铁路、青连快速铁路、潍日城际铁路、菏兖日铁路，沈海高速公路及其联络线日兰高速公路等，以及日照港实现对外沟通联系。

六、山东半岛城镇群基础设施规划实施策略

1．合理安排基础设施投资强度与建设周期

基础设施投资对经济发展的促进作用存在"乘数效应"，即通过对基础设施的投资，直接引起投资规模的增加，而投资规模的增加在投资乘数的作用下会引起总产出的成倍增加。

2．建立重大基础设施综合效能评估系统

建立一套基于GIS的综合效能评估系统，将进一步加强城镇群重大基础设施的规划决策分析，为信息化管理打下坚实的技术基础。同时，还为城镇群重大基础设施的信息化管理提供了一个数据平台，极大地提高工作效率、节省工作成本、便于相关部门的监督和决策，实现部分工作的动态、透明管理。

3．协同各城市各行业重大基础设施布局

逐步消除制约山东半岛基础设施一体化进程的体制障碍，以交通一体化为先导，依托科技创新和管理创新，突破行政界限，统筹规划布局，整合各类资源，以枢纽型、功能性、网络化的重大基础设施建设为重点，规划形成能力充分、衔接顺畅、运行高效、绿色低碳、服务优质、安全环保的现代基础设施一体化体系。

本章注释

[1] 舒慧琴，石小法. 东京都市圈轨道交通系统对城市空间结构发展的影响［J］. 国际城市规划，2008，23（3）：105-109.

[2] 华智，李朝阳. 东京都市圈轨道交通发展对上海大都市圈的启示［J］. 上海城市管理，2018，27（5）：63-68.

[3] Shinkansen[EB/OL].[2018-07-05].https：//en.wikipedia.org/wiki/Shinkansen#List_of_lines.

[4] 寇俊，黄靖宇，顾保南. 东京都市圈郊区圈层轨道交通供需特征分析及其对上海的启示［J］. 城市轨道交通研究，2015（9）：4-8.

[5] Tokyo subway [EB/OL].[2018-07-06].https：//en.wikipedia.org/wiki/Tokyo_subway.

后　记

本书以国家"十二五"科技支撑计划"城镇群重大基础设施空间规划关键技术研究"（2012BAJ10B05）课题成果为基础，针对城镇群重大基础设施空间规划的分级分类、效能评估、空间选址、用地指标等几个关键问题进行了系统探讨，并以山东半岛城镇群为例进行实践应用。

全书共分为5章：第一章阐述了城镇群重大基础设施的概念，提出了重大基础设施及枢纽廊道的分级分类；第二章研究了城镇群重大基础设施数据类型与来源，构建了城镇群重大基础设施数据库；第三章分析了城镇群重大基础设施综合效能评估概念内涵，并从投资效益、供给效率、空间效应三个维度进行评估；第四章研究了城镇群重大基础设施综合枢纽和廊道系统规划，提出了重大基础设施用地指标；第五章总结了国内外典型城镇群基础设施规划，分析了山东半岛城镇群重大基础设施综合效能评估和空间规划，并提出规划实施策略。

本书第一章由崔东旭、郭一、程雪娇合作撰写，第二章由张志伟、章扬、荣丽莹合作撰写；第三章由尹宏玲、章扬、戴思危合作撰写，第四章由崔东旭、刘洁君合作撰写；第五章由尹宏玲、张志伟、程雪娇合作撰写。

由于著者认知局限和经验不足，书中错误或不当之处在所难免，望读者不吝赐教。

崔东旭、尹宏玲、张志伟

2020年12月